潮平兩岸闊

梁錦興與萬卷樓的文化擺渡

張晏瑞 —— 主編

呂玉姍・黃筠軒・黃佳宜 編輯

萬卷樓

堅持理想初衷　創造源頭活水

梁錦松

主編序

　　萬卷樓圖書公司與《國文天地》雜誌社的大家長梁錦興總經理是屏東縣麟洛鄉人。一九四二年四月生，畢業於東吳大學經濟系、中國文化大學經濟研究所。曾任職於中央銀行外匯局、華僑信託公司，並兼任多所大學商學院教席，教授國際貿易、貨幣銀行等課程。曾受張其昀先生「傑出校友返校治校」之邀，擔任中國文化大學董事一職，並曾任多家民營企業公司董事長及企管顧問等職務。

　　一九九七年六月一日，在萬卷樓圖書公司董事會的力邀下，接任萬卷樓圖書公司總經理一職，投身文化事業發展迄今，已逾三十個年頭。此間，梁總經理致力於兩岸圖書、文化、學術交流工作，曾任簡體字圖書進口業聯誼會創會會長、臺北市出版商業同業公會監事主席、中華民國圖書出版事業協會副理事長、兩岸出版品與物流協會顧問。現為萬卷樓圖書公司與《國文天地》雜誌社總經理、中華民國章法學會顧問、中華文化教育學會顧問、臺灣視障協會顧問、福建師範大學在臺學術文化交流處負責人等職務，持續為兩岸文教事業奉獻心力。

梁總經理在研究所時期，受業於知名金融專家，時任中央銀行金融業務檢查處處長楊承厚（1915-1995）先生。中央銀行在臺復業後，一九六八年第一次招考員工，梁總經理是外匯局在臺復業第一批招募的人員。由於他精熟國際貿易與貨幣銀行理論，具有公部門與民營企業負責人的經歷，累積多年商業經營與公司管理經驗，能夠兼顧理論與實務。尤其擅長逆勢操作與危機處理，服膺市場機制，一九九七年接任總經理後，帶領萬卷樓與《國文天地》走出低谷和陰霾。在出版產業轉型的時代，將「萬卷樓」與《國文天地》雜誌，打造為兩岸知名學術文化品牌。二〇一四年與福建師範大學文學院簽約合作，二〇一五年出版《福建師範大學文學院百年學術論叢（第一輯）》，迄今已連續出版八輯，共八十五本學術精品名著。二〇二五年，萬卷樓即將出版《福建師範大學文學院百年學術論叢（第九輯）》。連續十年的合作，成為兩岸學術界傳頌久遠的佳話。

　　在萬卷樓的經營上，梁總經理承接過去大陸書刊進口工作，進一步開展臺灣書刊出口業務。在圖書發行工作之外，公司本於過去圖書出版的業務基礎上，梁總經理高瞻遠矚，擘劃文化交流、培訓課程等業務。並積極參與文化、學術活動，主、協辦兩岸書展、研討會、文學獎……等，獲得學界與業界一致好評。更跨足教學領域，舉辦「新式作文教學寫作師資班」、「圖書出版經營理論與實務研習營」、「兩岸

大學生文學與文創研修營」等課程,對學術交流、文化推廣、國語文教學等領域的貢獻卓著。其中,每年暑假舉辦的暑期實習活動,獲得臺灣師範大學國文學系的青睞,進一步與萬卷樓合作,開設「出版實務產業實習」課程,由本人忝任授課教師。該課程規劃嚴謹,不僅要修課,也要到萬卷樓實習,更要在實習結束後,出版一本實習成果書,作為帶得走的成果,訓練相當紮實。該課程結業的同學,只要有意願,也能夠透過公司推薦,進入出版產業,為產業樹德育人。

自一九九〇年八月,《國文天地》雜誌社轉投資,成立萬卷樓圖書公司以來,支持《國文天地》雜誌的出刊與發展,便成為萬卷樓的任務之一。梁總經理接手經營萬卷樓時,正值公司發展最為困頓的時刻。基於文化的使命感與對中華文化的熱愛,不論經營如何辛苦,皆無怨無悔,支持《國文天地》。並承諾,除非萬不得已,決不輕言停刊。因此,《國文天地》迄今,穩健發展。二〇一七年三月三十一日,國家圖書館舉辦臺灣最具影響力學術資源評選發佈會,《國文天地》在「臺灣期刊論文索引系統」的全文下載次數最多,獲頒「最佳下載人氣學術期刊獎」第一名殊榮,成果斐然。二〇一八年六月,在梁總經理的同意下,《國文天地》與福建師範大學文學院合作編輯出版,成為首家兩岸共同編輯出版的文學雜誌。促成了兩岸合作,落實公司創辦人林慶彰教授的期待,讓本刊成為兩岸中文人的共同資產。

二〇二五年四月二十二日，是梁總經理八秩晉三壽誕，編輯部同仁祕密籌備本書出版。透過資料搜集董理，彙編成冊。全書共分四編：上編「專訪報導」，收錄學者、學生、媒體對梁總經理所做的專訪文章；中編「經營心路」，收錄梁總經理自撰發表的經營理念與產業分析文章；下編「出版薪傳」，收錄梁總經理為每本實習成果書所撰寫的序文；附錄「新聞集錦」，收錄梁總經理在推動兩岸圖書交流的過程中，媒體記者所做的採訪報導。同時，也收錄了梁總經理自學校畢業後，考入中央銀行外匯局的放榜消息。將三十年的兩岸出版與文化交流，彙整成《潮平兩岸闊：梁錦興與萬卷樓的文化擺渡》以誌之。

　　希望藉由本書出版，恭祝梁總經理：「八秩康強春秋永在，四時健旺歲月優遊。」繼續帶領萬卷樓圖書公司和《國文天地》雜誌社全體同仁，為「發揚中華文化，普及文史知識，輔助國文教學」而努力。

萬卷樓圖書公司・國文天地雜誌社
總編輯兼副總經理　張晏瑞　謹誌
二〇二五年五月廿六日

目次

主編序　I

上編　專訪報導

003　林慶彰　滄桑的十年，不變的理想
　　　　　　──回顧「萬卷樓」的艱辛路

007　林慶彰　主動出擊，迎向未來
　　　　　　──梁錦興先生談經營萬卷樓的理念

015　周　楊　老驥伏櫪志在千里，始終站在兩岸出版交流
　　　　　　最前線──專訪臺灣萬卷樓總經理梁錦興

025　王　強　君子之交淡如水
　　　　　　──我與梁錦興先生往事

035　史穎嘉　梅花香自苦寒來
　　　　　　──萬卷樓總經理的半生風雨半生寒

041　邱蔚程　以靈活樂觀的心態應對困境
　　　　　　──談萬卷樓面對挑戰的轉變

049　黃筠軒　回顧萬卷，展望萬里

057　佚　名　始終秉承共同發揚中華優良傳統文化的
　　　　　　　理念並持續落實

059　尚昊、喬本孝　臺灣圖書界人士梁錦興：
　　　　　　　願用圖書鋪就兩岸交流之路

063　破　曉　談大陸簡體字圖書的進口問題
　　　　　　　——專訪萬卷樓圖書公司梁錦興總經理

中編　經營心路

077　梁錦興　筆路藍縷，以啟山林——談《國文天地》與
　　　　　　萬卷樓經營的心路歷程

087　梁錦興、張晏瑞　砥礪現在，開創未來
　　　　　　　——二〇一二年《國文天地》的回顧與展望

091　梁錦興　走出滄桑，堅持理想
　　　　　　　——回顧簡體字書進口歷程

099　梁錦興　傳統出版與實體書店生存所面臨的壓力

105　梁錦興、張晏瑞　版權交易之創新模式與未來導向
　　　　　　　——以學術著作版權交易為例

113　梁錦興　臺灣高學歷人士是大陸圖書的消費主流

下編　出版薪傳

119　梁錦興　歷盡千帆後，歸來仍是少年

123　梁錦興　樂觀、努力、熱情

127　梁錦興　找到工作中的興趣

131　梁錦興　《菜鳥先飛：出版實習新體驗》序

135　梁錦興　《萬卷高樓平地起——我們在出版社實習的日子》序

139　梁錦興　《跨越萬卷的天橋：二〇二一出版社暑期實習回憶錄》序

143　梁錦興　《出版業模擬器：跳躍字裡行間》序

附錄　新聞集錦

149　張晏瑞　福建師範大學文學院與《國文天地》雜誌社合作編輯出版簽約儀式紀實

155　張晏瑞　萬卷書坊・國文天地
　　　　　　——記《國文天地》雜誌榮獲二〇一六年臺灣最具影響力學術資源評選

161　邱詩倫、蔡雅如、張晏瑞　榕城文緣・萬卷書香
　　　——《福建師範大學文學院百年學術論叢（第一輯）》新書發表暨贈書儀式紀要

171　沈育如　兩岸圖書合作　我七出版社登陸

173　陳希林　臺灣簡體書市場　預估每年四到八億臺幣

175　陳宛茜　前進大陸　圖書交流火

179　丁文玲　《書市風向球》大安溪以南　簡體書店漸 IN　賣的書可一點都不硬

183　徐開塵　大陸招商尺度放寬

187　曹銘宗　大陸圖書　將漸進開放

189　陳希林　簡、繁體侵權問題　業者認應法律處理

191　陳希林　大陸書來臺　進口業者說免驚

195　王蘭芬　繁體書登陸時機好　業界話題指向出口

199　陳宛茜　臺灣書進攻大陸時機到了

203　陳希林　大陸學術用書夾帶暢銷書來臺

207　陳希林　臺北圖書博覽會暨國際漫畫展登場

209　王蘭芬　簡體字書受矚目　漫畫人物穿梭會場

211　徐開塵　大陸書籍進口新制實施滿月

215	陳宛茜、羅嘉薇	大陸書進口須認證：窒礙難行
219	徐開塵	出版生態環境生變　皇冠發函掀開議題
223	徐開塵	兩岸出版交流七月八日進入新階段
225	徐開塵	大陸書進口談規範　醞釀促改兩岸條例
229	王蘭芬	面對政策　醞釀抗議
231	王蘭芬	簡體字書進口業者　兩頭作戰
235	王蘭芬	相關條文脫離現實究竟實現什麼？
237	李令儀	建議大陸圖書准予進口
239	陳文芬	新聞局公聽會 大陸書登臺業界呼籲積開效管
241	施沛琳、林紹予	大陸圖書　業者盼原則開放
245	江中明、李令儀	本地文史哲論文 不參考大陸書者幾稀
249	佚　名	央行明年一月設外匯局 特考錄取人員限期報到
251	佚　名	央行行員特考　明天口試
253	佚　名	中國文化學院研究所放榜

上編　專訪報導

滄桑的十年，不變的理想

——回顧「萬卷樓」的艱辛路

林慶彰
中央研究院中國文哲研究所研究員

一踏入萬卷樓的大門，就有大陸名書法家啟功先生所寫的「萬卷樓圖書公司」的橫匾，這個橫匾勾起了萬卷樓這十年來的許多回憶。

那時臺灣在長期戒嚴中，大陸圖書一律禁止輸入，即使有些學術機構特許進口，要去閱讀這些書也困難重重，學術界人士可說在水深火熱之中。

當時《國文天地》曾在第三十七期製作了一個「突破大陸圖書的禁忌」的專輯。在做完專輯時，還邀請新聞局國出版處處長洪德旋先生來參加，希望官方能了解下民的痛苦。民國七十七年八月，我們到大陸參觀訪問，拜訪了《文史知識》的副主編柴劍虹先生，開啟了兩岸合作的大門。當我們每到一個地方，就發現有大批大批的出版品可購買，可惜當時不能郵寄，也怕回到臺北時被海關沒收。但是，我已

預感如果能將大陸圖書進口,供應國內文史界的學者,不但解決收集資料的困難,也促進兩岸學術的交流,間接提昇學術研究的水準。

回國後,我向董事會報告進口大陸圖書的建議,大家都覺得是好點子。可是政府的禁令嚴格,有待突破。但我們已開始籌措資金,準備赴大陸買書。民國七十九年六月二十四日,我和當時主編連文萍、葉曉珍到北京,開始我們的購書計劃,我們從北京的中國書店、新華書店一直到上海、南京,一路購買下來,總共用掉臺幣三百萬元,約合當時人民幣四十多萬元,使中國書店的書架全部成了空架子。該書店也將近有平常十個月的營業額。

回臺灣以後,我們一面擔心書能不能順利進口,又忙著要找地方正式開書店。後來地點找在和平東路一段儒林大樓的十四樓。最重要的是書店要有個名稱,我們就和李光筠、葉曉珍、連文萍一起思考,最後決定採用我所提的「萬卷樓」。當時購得的書,總計有九千包,每包五公斤,全部堆在金山南路之郵局,我們每天出車數次去搬運。我們也透過柴劍虹先生敦請啟功先生題了「萬卷樓圖書公司」的橫匾。萬卷樓終於在民國七十九年八月六日開幕,由於有數萬冊的大陸書陳列,驚動整個臺灣文史哲界,也引起了政府當局極大的注意。萬卷樓的成立,不但為臺灣學人提供了較充足的大陸學術資料,也促進海峽兩岸的學術交流,更促使政

府當局開始重新檢討大陸圖書進口的政策。

萬卷樓除了進口大陸圖書外，也出版各種文史哲方面的書籍。最值得稱道的是，和上海古籍出版社簽訂合約，在臺灣出版《中國古典文學基本知識叢書》七十冊，該叢書都是由大陸名家撰寫，內容深入淺出，是中國文學系學生必讀的課外書。另外，委託中國歷史博物館劉如仲、李澤奉兩位先生主編的《中華文化寶庫》二百冊。這是繼民國初年商務印書館《中國文化史叢書》以來，規模最大、涵蓋面最廣、內容最簡潔扼要的大叢書，是想了解中華文化之博大精深，最應具備的參考書。除了跟大陸的出版社合作，委託大陸學者編輯套書外，為了要提供國內各級學校教師有用的教學用書，萬卷樓也出版《國中國文動動腦》、《高中國文趣味教學手冊》等參考書。至於有關作文、修辭等方面的用書，也出版數十種。近年出土文獻成為學術界最熱門的大事，萬卷樓在丁原植教授的策劃下，也出版了十餘種此方面的專著，合計萬卷樓出版的書已達三百餘種。

萬卷樓從民國七十九年八月六日開始營業，到現在整整十年有餘，由於民國七十九年八月一日我已由東吳大學轉到中央研究院中國文哲研究所工作，所以九月即辭去萬卷樓之工作，由李光筠先生接任，後來李先生因病逝世，由許錟輝先生接任總經理，葉曉珍小姐擔任經理，後來葉曉珍小姐離職。三年前由梁錦興先生接任，積極推動業務。現在

在董事長陳滿銘、副董事長兼社長許錟輝先生及梁錦興總經理的帶領下,萬卷樓在大陸圖書的流通方面,已成為最具指標性的書店。所出版有關國文教學方面的著作,都已成為國文教師不可或缺的參考書。

萬卷樓不論經營的過程多麼艱辛,人事歷經多少滄桑,它所秉持為海峽兩岸學術交流的橋樑,為國文教師教學的良友,這一創社的理想永遠不會有所改變。我身為萬卷樓的創立人,這十年間並沒有實際參與社務,但眼看它的社務蒸蒸日上,內心有無限的喜悅,乃將所感所思略記一二,以作為永遠的留念。

——原刊於《國文天地》第 16 卷第 7 期(2000 年 12 月),頁 39-40。

主動出擊，迎向未來

——梁錦興先生談經營萬卷樓的理念

林慶彰
中央研究院中國文哲研究所研究員

一九八五年六月一日《國文天地》雜誌創刊，由正中書局發行。三年後轉手，由臺灣中文學界的十多位教授接手繼續經營。大家公推我擔任社長。在臺灣大家都聽過一句話，要害誰，就叫他去辦雜誌。可見要接續承辦這份雜誌，不是那麼容易的事，也就是說，挑戰才開始。為了和北京中華書局的《文史知識》作交流，我於一九八八年八月到北京拜訪當時《文史知識》的副主編柴劍虹教授，打開兩岸學術文化交流之門。為了讓《國文天地》能永續經營，我發覺把大陸出版品輸入銷售，最有幫助。一九九〇年七月，我們從大陸購入九千包書，每包五公斤，約有十八萬冊。八月六日萬卷樓圖書公司正式營業，到今年八月恰好整整二十年。公司經營過程中，在一九九六、七年間陷入最低潮，這時梁錦興先生適時出現，危機才慢慢解除。梁先生是民國一九九七年六月一日起正式擔任公司的總經理，不知不覺間，已過了十三

年。公司要我為二十週年慶寫一篇紀念性的文章,我覺得這十三年來能使公司轉危為安的是梁先生;能主動出擊,大大開拓公司業務的,也是梁先生。如果由梁先生來談萬卷樓這十三年間的發展,應更能反映公司的實際狀況。我在八月初到公司與梁先生訪談一小時,以下是訪談的重點整理。

一　從專業經理人走入文化圈

梁錦興先生,屏東縣麟洛鄉人,一九四二年生,東吳大學經濟系畢業,中國文化大學經濟研究所碩士。原本在中央銀行外匯局任職,後來自己經營企業,一九九三年轉到中國大陸擔任企管公司顧問,由於在大陸工作多年頗有鄉愁,常思能有機會回臺灣發揮長才,恰巧萬卷樓和關係企業國文天地雜誌社,經營陷入低潮,年營業額還不到六百八十萬元。當時社長許錟輝教授,因與梁先生有親戚關係,乃請梁先生來為萬卷樓作診斷,梁先生希望有三個月的時間來深入了解。

三個月到了,梁先生對公司提出許多經營管理的改革方案。董事會也再三敦請梁先生擔任總經理。梁先生拗不過大家的懇求,也就答應了。一九九七年六月一日梁先生正式上任,上任的第一件大事是整頓人事。在人事管理上,公司中員工有不適任者,就淘汰,有不適所者重新調整職務,也就是把每一員工都安排在最適當的位子。二是為讀者挑選

最合適的書。萬卷樓以銷售大陸出版圖書起家,大陸圖書在臺灣的銷售管道並不暢通,讀者並不知道那裡可找到書。梁先生為服務讀者,他常常記住某些讀者的專長,為他們挑選最適合的書,讀者對梁先生貼心的服務,都相當的感動。三是推廣本版圖書。萬卷樓也出版本版圖書,梁先生接手時已出版一百餘種,為了讓更多的讀者讀到好書,梁先生將本版書委託紅螞蟻圖書公司來擔任總經銷,合作數年相當愉快。

圖一　萬卷樓圖書股份有限公司總經理梁錦興先生

二 設三貝書屋、網路書店

銷售圖書並不能保證零庫存，有銷售不掉的書該怎麼辦？以前有些書店論斤賣給下游零售商。梁先生覺得這是對知識的一種輕蔑，這種事他做不出來。他認為沒銷售掉的書，不是沒有用，而是還沒找到最合適的讀者，這些讀者隨時都可能出現。所以，他在公司的九樓又租了一個房間，安上十多個書架，把未銷售完的書全部分類擺放在書架上，由於每種書僅賣原訂價的三倍，取其諧音，稱「三貝書屋」。這三貝書屋平常去的讀者並不多，但其中確有許多寶藏，只要您肯耐心一本本慢慢觀察，絕對不會讓您空手而回。

萬卷樓及其關係企業本來就設有網路書店。為了服務日益增多的網路讀者，梁先生要求增強網路書店的功能。現在，可以很方便的檢索、訂購萬卷樓的本版圖書和銷售的大陸圖書。在《國文天地》方面，可以檢索新、舊刊每期篇目，使用起來非常方便。

三 代理臺、港圖書外銷

大陸近數年來經濟力越來越雄厚，相對購買圖書的能力也大大增強。梁先生早看出這一點，將花木蘭出版社出版的《古典文獻研究輯刊》、《中國學術思想研究輯刊》、《古典

詩歌研究彙刊》、《古代歷史文化研究輯刊》銷售到大陸。由於這些書是匯集臺灣各大學院校的博碩士論文而成,都是海內外孤本,頗受大陸學界的喜愛,去年梁先生代理銷售已達六百萬元臺幣。

除代理花木蘭出版社經售圖書外,也代理中央研究院中國文哲研究所、近代史研究所、歷史語言研究所的出版品銷售大陸。記得數年前筆者到廈門參加第一屆海峽兩岸圖書交易會時,會場展出了中央研究院數個研究所的出版品,大陸出版界的人士說:「這些書大陸以前從沒見過,銷路應該會很好。」梁先生記住這句話,開始跟文哲所接洽代理出版品的事,文哲所答應了,再找近史所,近史所答應了,再找史語所,最後,人文所出版品最多的三個所,都經由萬卷樓的代理,把出版品銷到大陸去了。二〇〇八年一月中下旬,我應香港浸會大學中國傳統文化中心之邀,擔任訪問研究員兩星期,中間到中文大學中國語言文學系和中國文化研究所拜訪,與何志華教授見面時,我談到臺灣很難見到中國文化研究所古籍研究中心的出版品,是否可找一家代理商。何教授覺得很好。回臺北後,我向梁先生報告此事,梁先生大感興趣,二〇〇九年三月間趁張高評教授在中文大學中文系擔任客座教授時,由張教授陪同,與何教授談妥了代理經售古籍研究中心出版品的事。現在臺灣各圖書館都有古籍研究中心的出版品,就是梁先生努力推廣的成果。

四 提高本版圖書的品質

梁先生常常感嘆萬卷樓和《國文天地》編輯部的編輯事務，由於自己不是文科出身的，有點使不上力。因此，萬卷樓出版的圖書一直給人凌亂且偏於教學，學術水平稍有不足。為了公司將來的承續發展，梁先生多次在常務董事會中以實際經營者的所見所聞，提出建言，希望本版圖書能作更有系統的規劃，最好設定幾個主題，請專家學者來撰寫，現在執行中的是請中央研究院林慶彰、蔣秋華教授規劃的「中國經學問題論爭史」，設定經學史上爭論不休的問題二十個，邀請中青年經學研究者每人撰寫一題，每題一萬五千字，明年初出版。這是國內經學界很值得注意的大事。其他哲學、文學方面的書也陸續在規劃中。

由於學界對出版專書的要求日益增高，出版專書，如果沒有送審的，學界的評價並不高。所以，許多出版社都設立編審委員會來負責專書送審的事，萬卷樓順應這一趨勢，也成立編審委員會，下分經學、哲學、語言文字學、文學、國文教學等組，有文稿要出版，按類別請編審委員提供審查委員名單，再依送審結果決定出版與否，過程不輸給國內重要期刊的送審制度，這也是梁先生鼓吹的結果。

五 視《國文天地》如兒女

梁先生最感到歉意的是，自一九九七年接任總經理以來，一直覺得《國文天地》是個賠錢貨，有改為雙月刊、季刊或改版的打算，我總覺得不可，後來梁先生慢慢體會到，如果有《國文天地》，對萬卷樓的形象有正面意義，現在他總是這樣說：「再怎麼困難，我也不會把《國文天地》停刊了。」也因為把《國文天地》視為親生兒女，梁先生開始向董事會提出興革意見。《國文天地》每期都有一專輯，邀請學者對當今熱門的文化或學術問題，提供研究成果或建言。或是對學術文化問題，邀集專家各抒所見。梁先生覺得此一專輯可以委託各大學中文系所中有興趣的來策劃，成熟了就刊出，這不但可以擴大中文學界的參與，也拉近《國文天地》與中文學界的距離，朝《國文天地》是中文學界共同資產的道路邁進。

《國文天地》從一九八八年與大陸《文史知識》合作以來，在大陸享有很高的知名度，《國文天地》的發行宗旨是「發揚中華文化，普及文史知識，輔助國文教學」，與《文史知識》的宗旨相合之外，《國文天地》近年所作的專輯也與大陸學術文化的脈動息息相關，如第二八四期的〈海峽兩岸的兒童文學〉，第二八八期的〈以書代刊對學術的貢獻〉，第二九七期的〈我利用圖書館的經驗〉，第三百期的〈大陸

國學熱的省思〉等，都對大陸學術文化界有許多建言。大陸學術文化的發展將遇到許多瓶頸，不妨觀摩臺灣的發展經驗，聽聽臺灣學界的建言。

由於《國文天地》的內容與大陸學術文化界相關者甚多，梁先生一直希望能將雜誌銷售到大陸，第一屆海峽兩岸圖書交易會在廈門舉行時，帶去兩百本送給與會讀者，現在大陸也有一些訂戶，相信在梁先生和全體員工的努力之下，不久的將來，銷售的問題必將有所突破。

萬卷樓關係企業的大家長陳滿銘教授，於去年下半年搬到公司九樓，整天坐鎮，加上總管梁先生的魄力和經營理念，萬卷樓的營運像倒吃甘蔗，去年的營業額已突破臺幣六千萬元，幾乎是梁先生剛上任時的十倍。我身為萬卷樓圖書公司的創辦人，對於梁先生及同仁們的辛勞與成果感到十分欣慰；更切盼學術界能給萬卷樓和《國文天地》更多的鼓勵與支持。

——原刊於《國文天地》第 26 卷第 4 期（2010 年 9 月），頁 44-47。

老驥伏櫪志在千里，
始終站在兩岸出版交流最前線
——專訪臺灣萬卷樓總經理梁錦興

周 楊
廈門大學新聞傳播學院

　　臺灣萬卷樓是推動兩岸出版交流的重要力量。自我國臺灣地區「解嚴」後，萬卷樓就率先突破簡體版圖書進口禁忌，大規模進口了大陸簡體版圖書。在總經理梁錦興的帶領下，臺灣萬卷樓攜手出版同行，共同推動臺灣簡體版圖書進口走向法制化、規模化、常態化。筆者通過本次採訪臺灣萬卷樓圖書股份有限公司總經理梁錦興，討論臺灣引進簡體版圖書的歷史與兩岸出版交流的現狀，並對目前兩岸出版交流工作中的現存問題與未來建議進行了深入思考。

訪　者：萬卷樓圖書公司是臺灣較早引進大陸簡體版圖書的出版企業，請介紹一下這段歷史。

梁錦興：早期大陸簡體版圖書難以進入臺灣。在這段時間

裡，臺灣人想看到大陸的簡體字書非常困難，一般都是通過到香港、新加坡旅游時，順便帶回幾本的方式。二十世紀七〇到八〇年代，臺灣學術界對簡體版圖書的需求日益增加。這種情況下，時任《國文天地》雜誌社社長的林慶彰教授，就帶著一群臺灣學生到大陸採購簡體版圖書。這次採購簡體版圖書，是兩岸分治以來第一次開展大規模簡體版圖書貿易，具有重要意義，也因此成立了萬卷樓圖書公司。林慶彰先生是萬卷樓的創辦人，當時他指導的一批青年學生，都參與了萬卷樓成立的過程。後來，這些學生也都成為臺灣中文學界的中流砥柱。

另一方面，簡體字書進入臺灣以後，也存在諸多問題。我接手萬卷樓的經營之後，遇到了許多問題。由於臺灣學術界的強烈需求，研究生寫論文、大學教學也需要參考大陸的教科書。所以，我組織臺灣的同行和學者向臺灣當局申請、抗議。經過很多努力和辛酸，簡體版圖書入臺才逐漸走上正軌，兩岸出版交流隨著兩岸關係逐漸開放，也慢慢變得暢通。在此過程中，萬卷樓圖書公司始終是簡體版圖書入臺的「開路先鋒」。

訪　者：您是海峽兩岸圖書交易會最早發起人之一，請講述一下這過程。

梁錦興：兩岸出版交流的「常態化」是個漫長的過程。在前期拓展臺灣簡體版圖書市場時，非僅靠我一己之力，而是通過在大陸的多位「幕後英雄」的幫助，才逐步走向正軌。其中，最值得一提的是廈門外圖公司。

　　由於廈門具有地利之便，它便具有特殊的身份和角色。二十多年前，我曾主動和廈門外圖公司取得聯繫，希望他們能同我們一起推動兩岸圖書貿易工作，加強兩岸出版界專家學者之間的交流。第一次到訪廈門時，有一位先生來接我，他幫我開了車門，開朗的聲音和誠摯的笑容讓我至今難忘。他就是廈門外圖公司原總經理張叔言。

　　張叔言是位有理想、有抱負的出版人，我們很快成為了好朋友。在我的倡議下，萬卷樓和廈門外圖公司達成共識，決定每年共同舉辦一次海峽兩岸圖書展會。我還記得，我們當時在臺北市某個小餐館裡討論交易會舉辦方式的場景。張叔言與臺灣幾個出版界的領航人物圍著一張小桌子，把這個事情敲定下來。這個活動從確定到現在已舉辦了十八年，是兩岸出版界每年最隆重的盛事之一。

兩岸出版產業也在一年一度的會面交流中，建立了深厚的合作關係。

訪　者：萬卷樓的發展並非一帆風順，也曾面臨著倒閉的危機。請講述一下萬卷樓化解危機的過程。

梁錦興：林慶彰教授成立萬卷樓圖書公司之後，就轉任中央研究院中國文哲研究所籌備處主任，負責籌備文哲所成立工作。公司轉由其他學者經營，一段時間後，遇到了瓶頸。學者經營公司，重點放在學術研究與學術理想的實現，對於商業模式的探索太少，與市場營銷脫離太遠。由於以前我也在學校任教，經營萬卷樓的教授都是我的好朋友，他們便找到我，希望幫助萬卷樓度過難關。

　　坦白地講，我的專業是經營與管理，對文史研究和出版行業並不精通，要我來管理一個圖書公司，實在為難。但面對多年好友的請求，只好勉強答應。當時，萬卷樓的所有人都是學院派，只有我一個人是市場派。既然要我來協助萬卷樓的經營，我就要竭盡全力讓萬卷樓脫離危機。我當時的目標很簡單，就是想辦法讓萬卷樓活下來。於是，我堅持用經濟學的供需原理，以需求決定供給。簡單說，就是消費者喜歡什麼樣的書，我就提供什麼樣的書，盡最大能力滿足消費者的需求。

當時，公司的學院派並不認可這樣的做法，但我認為，如果沒有辦法維持公司的生存，最終倒閉，即使有天大的理想，又有什麼意義呢？到了今天，如果從《國文天地》創刊起算，萬卷樓已經成立三十七年了。即使在受新冠疫情影響時，公司仍保持每年百分之三十的增長率，我感到非常慶幸。是我用市場法則挽救了這個公司，讓它日益壯大。

　　如今，萬卷樓在臺灣地區可以算得上是中大型出版企業。現在，公司已沒有所謂的學院派和市場派之分。因為公司經營得好，學者的理想和抱負也才有施展空間。

訪　者：目前，臺灣仍有很多年輕人對大陸的發展情況不太瞭解。依據您的觀察，他們對大陸圖書的接受程度如何？

梁錦興：由於沒有深入認識過兩岸歷史，並且一直處在兩岸分治的過程中，再加上臺灣媒體的各種影響，臺灣年輕一代確實對大陸瞭解不深。

　　但從我對各高校學生的觀察來看，我發現了這樣的規律——臺灣不同的學校，學生層次不一樣。頂尖大學的學生對和大陸交流的態度和意願相當開放，他們會使用很多大陸的資料，會有更多

接觸大陸的機會，更有國際觀和較強的獨立思考能力，不會輕易受到單一新聞媒體的影響。中游大學的學生也會自由購買大陸的資料和圖書，但是對兩岸議題比較冷漠。中游大學學生接觸大陸的機會較少，但是如果有機會，他們也會願意。而比較後段大學的學生，對於兩岸關係的態度較為負面，容易受到媒體的錯誤引導。

總體而言，臺灣年輕人並不排斥大陸的圖書。只要給年輕人更多接觸大陸圖書和兩岸互動的機會，他們願意與大陸親近。所以，大陸的出版行業更應抓住機遇，加強兩岸出版交流。

訪　者：您認為出版交流的方式對促進兩岸文化融合有多大推動作用？

梁錦興：我覺得在一個家庭裡，大哥小弟就算關係再好再親，有時也會因一些事情起爭執。但是再怎麼罵來罵去，都是血濃於水的一家人，過些日子就會沒事了。

實話實說，臺灣是一個很奇妙的社會，絕大部分臺灣人其實並不關心政治，只關心自己，比如錢有沒有賺夠、家庭生活如何……大多數情況下我們從網上看到的臺灣民眾多麼支持「獨立」，或者

搜到的一些支持「臺獨」的民意調查，極有可能是被某些不懷好意的群體操縱的。

現階段，用兩岸出版交流的形式增進臺灣人對大陸的認知是一種可操作的方式，大多數年輕人很願意瞭解大陸。閱讀大陸的圖書，既是瞭解和認知大陸的快速途徑，又有助於打破臺灣當局用自媒體建構的虛假屏障，從而幫助臺灣人重新認識大陸，重塑身份認同感與國家認同感。

訪　者：在兩岸出版交流工作中，還存在什麼問題？

梁錦興：通過新聞報道和大陸出版朋友的告知，我知道大陸出臺了不少扶持臺灣的政策。如「惠臺三十一條」就專門針對出版產業給予優惠，比如為臺灣圖書進口業務建立綠色通道，簡化進口審批流程等。不過，其中仍有一個關鍵問題——這些扶持政策是不是能夠真正地落實到臺灣出版社身上？換句話說，如何讓臺灣出版行業知道和使用這些政策，依然有待解決。

舉例來講，一開始推出這些扶持政策，臺灣出版行業是不知道的。當大陸的出版單位找我合作時，我才知道「惠臺三十一條」是件不錯的事情。不過我還不知道綠色通道要怎麼申請，流程怎麼

走,應該去哪裡辦理。所以,我認為應出臺與政策配套的「辦法」,詳細介紹執行細則與方案。這樣一來,大陸的出版單位拿著這些「辦法」和「方案」找臺灣出版單位合作,才能真正促進惠臺政策落實。

訪　者：您認為,未來兩岸出版交流工作還有哪些需要加強的地方?

梁錦興：首先,兩岸出版交流不應該過多受到政治層面影響,兩岸出版人應及時調整定位,將兩岸出版交流放在增進兩岸同胞彼此瞭解、促進兩岸同胞心靈契合的高度上,共同傳承中華文化。其次,兩岸出版交流的內容應以學術圖書為主,學術的本質是文化的傳承,學術出版交流合作是改變臺灣年輕人對大陸認知最重要的途徑。再者,要加強以高校牽頭的出版交流合作,例如在福建師範大學百年校慶時決定推出「福建師範大學文學院百年學術論叢」,並且啟動「福建師範大學文學院學術精品入臺出版工程」,將這部套書放在臺灣出版,促進臺灣同胞對大陸的瞭解。時任福建師範大學文學院院長的鄭家建,就親自帶領學者來臺灣考察,對許多臺灣出版社進行了兩到三年的深度調研,最後再找我們談合作。從二〇一四年啟動,二〇一五

年出版第一輯,到今年已出版七輯,目前正進行第八輯的編輯。未來,這樣的合作模式應進一步加強,讓兩岸高校成為推動兩岸出版交流的重要力量。

梁錦興簡介

梁錦興,一九四二年生,臺灣省屏東麟洛人,祖籍廣東梅縣。東吳大學經濟系畢業,中國文化大學經濟研究所碩士。現為萬卷樓圖書股份有限公司、國文天地雜誌社總經理,中華章法學會顧問,大陸簡體字圖書進口業聯誼會創會會長,海峽兩岸圖書交易會發起人。曾任臺北市出版商業同業公會監事主席,臺灣圖書出版事業協會副理事長、常務理事,兩岸出版品與物流協會顧問。一九九七年擔任萬卷樓圖書公司總經理,致力於兩岸圖書出版、文化交流事業發展,迄今已二十六年,為兩岸知名出版人。

──原刊於《國際出版周報》第 331 期,2023 年 5 月 18 日,05 版。

君子之交淡如水

——我與梁錦興先生往事

王　強
采薇閣書店

　　前幾天寫了《潮平兩岸闊——采薇閣從書店到出版的實踐和思考》回憶采薇閣發展的四個階段，其中有波瀾壯闊的時代背景，更有有溫度和理想的朋友們。我們的努力和成功，自然離不開這些人的幫助和鼓勵，梁錦興先生就是其中記憶深刻的一位。梁錦興先生是臺灣萬卷樓圖書公司的總經理，我和梁先生的交往，既是采薇閣與萬卷樓協同發展史，也是兩岸出版業砥礪前行的縮影。我二〇〇六年開始將大陸地區的較低折扣的學術圖書做成表格，通過網路查詢和朋友獲得臺灣地區經營大陸圖書的公司資訊。有萬卷樓、若水堂、三民書局、天龍圖書等，我撥打電話，發傳真或者寫 E-mail 將書目發給臺灣地區的同業們。當時兩岸溝通不暢，長途按國際電話資費算，每分鐘四元人民幣，非常貴。我購買了 Skype 電話軟體，用於打電話溝通；註冊了 Hotmail 和 Yahoo 郵箱，用於電子郵箱發送；安裝了 MSN 用於即時通訊。很快萬卷樓的梁錦興先生就看到我整理的目錄，並對

此很有興趣。挑選了幾種書,向北京時代聯信貿易公司、廈門外圖、閩臺書城、中國圖書進出口總公司等單位詢價,獲得的回復,折扣都比我的要高很多。於是梁先生嘗試下了一個小訂單,通過北京時代聯信的張旭先生聯繫我,我就風塵僕僕送書去了,書到臺灣,也很快銷售出去,梁先生挺滿意。北京時代聯信貿易公司隸屬九州出版社,九州出版社隸屬國務院臺辦,在北京市西城區阜成門外大街辦公,張旭是北京人,也是梁先生欣賞的業務員,當時剛從中國教育圖書總公司離職,經梁先生介紹入職北京時代聯信當經理,負責萬卷樓大陸地區圖書集貨。經過幾次的業務,梁先生對於我們提供的書目和品質較為滿意。在二〇〇六年底兩岸交流,梁先生來北京,當時的招待級別很高,臺辦的領導都出席了。梁先生出席了幾個場合,都有多人陪同,拜訪了九州出版社社長徐尚定,副總編張萬興等,然後請張旭電話我,說是要見我,請我晚上來他賓館小敘。

　　我一聽受寵若驚,沒見過梁先生,看架勢,想像一定是英姿勃發的大領導,於是小心翼翼來到他入住的酒店,大約晚上八點半,發現是和藹可親的老先生。梁先生剛應酬完,喝了些酒和我說,他很能喝,沒事,然後讓我介紹下自己,梁先生得知我二〇〇五年大學畢業,現在二十四歲,於是也和我說起他的歷史,讓我感佩,他是在大學當過經濟方面教授,後來當蘇州臺灣工廠的高管,後來做書,現在都快七十

歲了，還是努力工作，他說他每天第一個到公司，最後一個走，週日也在單位，對於圖書非常熱愛，這種體力精力，是很難得的。我看到我的爺爺，六十多歲都糊塗了，而梁先生精神矍鑠，思維清晰，依舊可以豪飲，只是走路有些不穩，於是我們聊了一個半小時，我大約說了我的經歷，以及對市場的預判，圖書的價值，梁先生勉勵我繼續努力，做好圖書事業，為兩岸文化交流做貢獻。梁先生一般早睡早起，十點多了，他助手提醒我時間差不多了，我就和梁先生告別，晚上十一點多回到北大承澤園，還特意將和梁先生的談話要點，寫了日記，並感慨六十多歲的人還這麼努力，表達欽佩之意。隨著臺灣市場對大陸出版品的興趣，梁先生需要瞭解的圖書品種也越來越多，而且需要具體圖書的主編，內容，特點等資訊，同時還需要有競爭力的價格。如果不能做到最低價，那麼我和北京時代聯信公司需要檢討，甚至有時候需要寫檢討書。我平時都做好詳細的圖書資料整理，同時對於出版品的類別和書目，以及出版這些書的機緣都很熟悉，同時因為我們是個體企業，機制靈活，服務周到，只要是大套圖書一定先問我內容和價格，只要是找不到的書，都讓我協助處理。當時大陸進出口公司都搶著和萬卷樓做生意，梁先生也一直是大家的座上賓，而采薇閣有幸成為大套圖書的重點集貨商。有一次梁先生和我打電話說，這是中研院史語所的標案，請我務必及時供貨，我當時挺激動的，這是臺灣的最高學府，能將書送入也是手有餘香。於是二〇〇七到二

〇〇八,我們做了好多生意,采薇閣和萬卷樓,還有北京時代聯信公司都合作愉快,大家蓬勃發展。

圖一　萬卷樓銷售的大陸圖書

　　隨著市場的透明,兩岸關係進一步緩和,臺灣出現越來越多的大陸書經銷商,於是臺灣市場標案殺價嚴重,同時大陸地區特價貨源有限,大套圖書利潤越來越低。我也在考慮轉型,因為和萬卷樓這層交往,於是我考慮做臺版書,從萬卷樓的供應商變成客戶。梁先生也贊成我的轉型,同時做進出口業務,雙方會有更多合作。二〇〇八年底萬卷樓發來三件書,主要是萬卷樓和花木蘭的出版品,當時我的同事,說這麼貴的書呀,一本一百多人民幣呀,怎麼賣?大家都沒信

心。梁先生也很善意和開放，說這是代銷，不能賣退回來也沒關係。我想既然學術出版品，肯定可以銷售，我繼續努力，在和客戶交流時候，我瞭解了更多臺灣出版品資訊，比如中央研究院、新文豐、文海都有大量的學術書，在北京國展的臺版展位我也看到了很多臺版學術書。於是在二〇〇九年二月，我報名參加了中國版協組織的兩岸圖書行業交流的旅行團，費用一萬八千元一週，一共三人報名，我和蕪湖萬卷圖書的汪華，還有步印文化的鄭利強，他當時正打算引進小牛頓科學館和吳姐姐講故事的版權。剩下兩個是組織者。

　　一行五人，從北京飛到深圳，從皇崗口岸進入香港，從香港飛往臺北松山機場，我們第一天參加了臺北國際書展，晚上由臺灣圖書出版事業協會招待大陸版協的旅行團，當時梁先生也是臺灣出版協會的領導，聊起兩岸出版事業，大家相見恨晚，頻繁敬酒。梁先生知道我不能喝酒，為我擋了好幾次酒，並拜託臺灣同行關照他的小老弟。我最年輕，輩分最小，對臺灣出版業很有興趣。當時還未開通自由行，旅行團必須嚴格按照規定行程走，還要去臺中和高雄，而我對旅行沒興趣，只對書展有興趣，最好就是待在臺北。於是梁先生和旅行團商量，他替我擔保，讓我留在臺北，等旅行團集合的時候，將我送到機場，隨旅行團飛往香港。旅行團讓我寫放棄旅行，費用不退，後果自負的聲明，讓梁先生寫擔保書，並需要萬卷樓公司連帶擔保，梁先生同意了，當天就

送來了擔保書,於是我成功脫團,繼續參加臺北國際書展。

我連續六天都白天六點多起床,搭捷運到達國際書展,到下午五點左右散場才離開,我得以和很多的臺灣文史學術出版商交流,翻看瞭解出版品內容,增長了見識,獲得很多新東西。我需要臺幣開支,梁先生按當時匯率,為我兌換臺幣,週末的臺灣銀行不上班,我並不瞭解,週末梁先生也為我準備臺幣現金。某天他邀請我參加他的家宴,我見到他的愛人和帥氣的小孩,特別溫馨,梁先生依舊介紹說我是他小老弟,大家喜樂融融。同時我也經常到羅斯福路的萬卷樓,看到他們單位的林鳳蘭、彭秀惠、鐘苑如、陳妍如、欣怡等小姑娘們努力工作,也感覺單位氣氛不錯。林鳳蘭是梁先生愛人。

圖二　萬卷樓辦公室女士,中間為梁先生愛人林鳳蘭

君子之交淡如水

當時電話費用很貴，我需要臺灣的行動電話，於是梁先生指派欣怡帶我到 7-Eleven 便利店辦理了電話卡。離別當天，他請司機送我到機場。在臺期間，我和梁先生達成了由萬卷樓集貨，書到大陸後，三個月賬期支付書款的協議。我回大陸後，第一時間將書展上需要的學術書整理了清單發給萬卷樓，萬卷樓也很快集貨透過進出口公司發來，於是我們又開始了頻繁的業務往來。

圖三　梁先生的辦公室

之後兩岸開始了自由行，我到臺灣次數就多了起來。有次在臺灣，梁先生請了十位左右老出版人，年齡估計都是七十歲以上，近七十歲的梁先生是除我之外最年輕的。依稀記

得有好幾位八十多歲了，他們說起當年出版往事，還拜託我銷售他們的書，爺爺輩的前輩，抖抖索索的拿出書目，給我介紹他的出版品，我連連點頭，回去一定大力推廣，感慨老先生們的敬業。不久梁先生身邊就多了一個助理張晏瑞，是林慶彰先生的碩士。因為林先生也是萬卷樓股東，有些優秀的學生就推薦到萬卷樓工作。張晏瑞高大帥氣，笑容可掬又勤勤懇懇，年紀和我相仿，有些事情因為不想勞煩梁先生，而且梁先生不熟悉即時通訊，我就和張晏瑞說，請合適機會轉達。張晏瑞陪梁先生到大陸，經常應酬後還要完成工作，工作之餘還在準備博士班答辯，我都覺得他太辛苦了，然而他是樂天派。有次他帶我去三貝書店，就是萬卷樓的特價店，請我選書，我選了很多書，他說強哥，這是我寫的，你選上吧，強哥，這本是我編的，你也選上吧，這個作者是我朋友，你也選上吧，於是我稀裡嘩啦的選了估計有一百多件，二〇一二年開始大陸的電商都開始做臺版書了，京東，廈門外圖都努力經營，擠壓我們的市場空間，我開始考慮轉型做出版，出版了近代史社會史的專題文獻，梁先生也表示支持，他銷售我的出版品，然後我直接選他們的書，於是我的書出版後每樣一套，都直接發往臺灣。梁先生在中研院的史語所和文哲所等都帶去樣書，大力宣傳我們的出版品，銷售業績不錯，這樣既可免去匯率損失，又可以促進彼此銷售，我們繼續雙贏。

再後來二〇一六年臺灣領導人變更，兩岸關係緊張，圖書市場式微，梁先生更多轉向了兩岸的交流，比如和福建師範大學文學院的合作。我則忙於編輯出版業務，聯繫也少了許多。近年來疫情不斷，業務驟減，采薇閣已是古籍出版重鎮，我更為采薇閣的業務轉型升級全力以赴，而無暇其他。

圖四　啟功題字萬卷樓懸掛進門處

從創業至今，和梁先生的交往有十六年之久，我們合作融洽，互有啟發。機會不成熟時候，我們也攻苦食淡，有守有為。萬卷樓和采薇閣在社會上都算小企業，力小任重，都希望在兩岸學術事業上有所作為。君子之交淡如水，遙祝萬卷樓事業百尺竿頭更進步。梁先生身體康健。

此文完成之際也是梁先生八秩華誕，似有感應。我和臺灣同仁一樣，希望梁先生繼續帶領萬卷樓圖書公司和《國文

天地》雜誌社,為「發揚中華文化,普及文史知識,輔助國文教學」而努力。

——原刊於采薇閣書店公眾號,2023 年 2 月 18 日。

梅花香自苦寒來

——萬卷樓總經理的半生風雨半生寒

史穎嘉
國立臺灣師範大學歷史學系

一　艾年志不凋，飄搖落萬卷

貯存萬卷的架子，陳列在室內兩側，一張長桌，數把椅子，還有一片被窗簾稀釋過的晨曦，就已差不多塞滿了會議室。梁總經理背靠落地窗前，安坐桌首，一身素淨平整的襯衫西褲顯然是他慣常的穿搭。梁總經理已入耄耋之年，鬢髮皓然，仍是精神奕奕，身體康強，不顯老態，他的眼睛雖然瞇得細小，但談到出版社的前途無量，卻又顯得高瞻遠矚，目光也變得犀利如炬。敘起話來時，聲音強沛有力，談吐自如，而稀疏的眉頭總是微微蹙起，像是二十多年來放在出版業上的心思，一直縈繞心頭，不敢鬆懈。梁總經理的領導者風範，讓人不覺間肅然起敬。一九四二年，梁錦興總經理生於屏東縣麟洛鄉，梁總經理的前大半生，走上與文學全然背馳的道路，先在東吳大學就讀經濟系，後又取得中國文化大

學經濟研究所碩士。畢業後，梁總經理在事業上算是一帆風順，先在中央銀行外匯局任職，後來又轉到民營銀行。梁總經理坦言，年少氣盛，意氣昂藏，耐不住按時上下班平凡無浪的生活，於是與三兩好友自行經營企業。期間得過豐功盛烈，不免也有過失敗壓頂，但卻不曾彎下脊梁，汲取經驗教訓，拍拍灰塵，又是新的一天。梁總經理稱，大學唸書時，就已經發現自己擁有過人的特質，記憶力強且處事決斷，後來在社會上輾轉於各種職位與行業，煉成他臨危不亂、當機立斷的危機處理意識。

「一切不過是機緣，就像明天會刮風還是下雨，你我也很難判定。」梁總經理淡淡地道。當初選擇經濟，其實也是一種緣分，梁總經理回憶，高中填寫志願大學時，根本毫無頭緒，順手抄起旁邊同學的報名表就照著寫，從此與經濟管理繫上不解之緣。大學期間一節西洋經濟課，讓梁總經理偶然翻開了亞當・史密斯（Adam Smith）的《國富論》，這位現代經濟學之父在兩百三十年前對社會經濟的恢宏眼界，對經濟學術界的深沉反思，都使梁總經理獲益匪淺：「民富則國強、自由市場經濟，這兩個信念，一直感染著我。」他拿起桌上的茶杯抿了一口，感嘆無比。

誠如前言，緣分真妙不可言。其實在一九九三年開始，梁總經理就在中國大陸擔任企管公司顧問，當時的月入頗為可觀，且長年來在商場打滾，從未接觸過學術文化事業，

有道是「隔行如隔山」，梁總經理何以辭去在中國大陸條件優渥的工作，回臺接受萬卷樓的感召？梁總經理感喟：「進入出版業，都是因為臨危受命啊！」

接著梁總經理娓娓道來，原來以往在大學任教的時候，結識了不少大學教授。當年他從中國大陸回臺休假，碰巧得知萬卷樓圖書公司和《國文天地》雜誌，因為經營不善而面臨倒閉危機，梁總經理面對老師們的盛情難卻，又因為年事漸高，厭倦漂泊生涯，便答應到萬卷樓進行三個月的審查。初時只希望能帶著尊嚴結業，後來發現若改善經營模式，或許可以起死回生。創辦萬卷樓和《國文天地》雜誌的老師們都是學者出身，捧著一顆心來，不帶半根草去，卻未料出版社是企業，學者們一貫的傳統學院派思想，對學術當然有貢獻，但卻不利於公司長期經營。梁總經理總結：「學術和市場結合，相輔相成，才是經營之道。」

於是，一九九七年六月一日，梁錦興先生正式擔任萬卷樓圖書公司的總經理。一約既訂，重山無阻，梁總經理把萬卷樓揹起來馱在肩上，至今二十六個年頭，仍未放下。

「我算是半路插班生，但我既然來了這個行業，我也是在艱困中把他熬下去的。到了今天也未必能說是成功，但至少是穩定的。」梁總經理自信地道。與其說是半路出家，不如說他前半生的商業管理經驗，如百年古松之根柢，連根拔起再栽到萬卷樓的土壤裡，反而當起了高樓的腳，往年的經

驗讓他在重振經營和運營業務部上，更為得心應手。六十年來，梁總經理沉浮於商場，卻從未臣服於失敗，曾經《國文天地》雜誌因為長期虧損而曾計劃停刊，今時已能獨當一面，自營自利，梁總經理於此肇基，功不可沒。

二　兩度與書初相識

更闌人靜，一燈如豆，十八歲的梁錦興正在翻揭著曹雪芹的《紅樓夢》，咀嚼書中字句，譙周獨笑。書頁因為曾被摺角而捲起，或被飯菜噴濺留下帶有家鄉味道的花押印，那是一本被翻閱過無數次的小說。

梁總經理雖是從商，卻不失為一名愛書人，他與文學初結緣，是在升上中學的那個夏天。他喜愛文學，漸漸成為圖書館的常客，舉凡國外名著《飄》、《戰爭與和平》，還有瓊瑤的《窗外》、《煙雨朦朧》，都看得不亦樂乎。梁總經理的文學取向非常多元，四大名著翻過一遍又一遍，甚至在大專聯考，大家都在準備考試的時候，還沈迷在小說的高潮迭起中不能自拔。及到艾服之年的辦公室，竟是書稿堆疊，坐擁萬卷，雖是始料未及，卻也算是埋下了伏筆。

緊接著，梁總經理心血來潮，笑著分享了一個笑話。一天，有位客人造訪萬卷樓的門市書店：「老闆，這裡有沒有小學的書啊？」梁總經理不假思索回道：「沒有！我們只有

大學教授的書！」客人聞後，只能失望而回。殊不知此「小學」非彼「小學」，後來經編輯提點，才曉得「小學」是指聲韻學、文字學、訓詁學等書籍。陳年的懵懂，現在說來只是一笑置之，但可想而知當時已然五十五歲的梁總經理，一片空白地踩進陌生領域，所仗不過是一股勇氣和膽識。梁總經理坦言，初入萬卷樓的他，對學術書一竅不通，只能格外用功。長年從事經學研究的林慶彰老師，是梁總經理的好友，每當林慶彰老師到萬卷樓來，梁總經理就向其請教，他才明瞭自己費盡心思銷向讀者的書，學問是如此深廣。

速成補習班的效果總是有限，為免再鬧出一番笑話，梁總經理向林慶彰老師提出另請高明負責編輯工作，以便他專注在企劃和銷售上。如此一來，商人和文人攜手合作，萬卷樓逐漸走上商業與學術結合的軌道，正是當年梁總經理訂立的運營理念。

三　活水源流自晨思

天未拂曉，泡一盞濃茶，潛神默思。「人只要不斷地思考就會進步。」梁總經理反覆強調著他的致勝之道。四點起床，六點上班，二十多年如一日，儘管有時想法奇怪，不論成功與否都會盡力實踐。梁總經理在年齡上算得上是老一輩的出版人，可自己卻不願承認，他自忖心地寬廣，不認老守舊：「只要人家講了一兩句話，便會促使我思考。」梁總

經理盡力抱持年輕思維，樂觀地迎接新挑戰，接受新事物。

曾有友人戲言，梁總經理天賦異稟直如非人類，儘管萬卷樓營業不景氣，出版業又一度低迷不被看好，似乎都無法動搖梁總經理堅韌的心態，回家往床褥躺去，又是一夜高枕無憂。訪談的最後，梁總經理舒眉展顏，表示自己對於工作樂在其中，他的一番自白，聽者無不感到欣慰。有什麼比大半輩子搦管操觚，行腳天涯，歸來仍能笑談往事，意知滿足，來得更令人羨慕？

梁錦興總經理（中）於訪談時留影

──原刊於李志宏、張晏瑞總策畫，唐梓恩等主編：《拉一根線，穿織兩代稿事：學術出版人的來路與去路》（臺北市：萬卷樓圖書公司，2024 年 6 月），頁 155-160。

以靈活樂觀的心態應對困境
——談萬卷樓面對挑戰的轉變

邱蔚程
國立臺灣師範大學國文學系

　　來到萬卷樓至今二十六年的歲月裡，梁總經理看見了臺灣出版產業整體的轉變。實體書市場衰微，電子書日漸崛起；許多傳統的實體書店倒閉，電商銷售大行其道；少子化、網路時代來臨影響閱讀人口數，也讓出版產業面臨挑戰。出版環境不如以前輝煌已經是不爭的事實，以往取得成功的模式不再管用，身在其中又該如何是好？在市場前景不被看好的狀況下，梁總經理仍透過持續思考與嘗試來解決眼前的難關，堅定地帶領萬卷樓走在自己的道路上。

一　傳統不再可行，面臨沉重考驗

　　在時代的變遷下，出版產業面臨種種考驗，其中首當其衝的就是印刷與庫存。「大概幾年前去拜訪過其他出版業的老闆，當時他們面臨最嚴重的問題就是庫存問題。」梁總經

理回憶道。實體書市場的衰退造成許多出版社倉庫通通爆滿，而追溯其原因，除了市場因素之外，也牽涉到印刷問題。「因為以前出版社多是使用傳統印刷，一次印量都要一千本以上成本才會降低。」梁總經理解釋。一千本起跳的印量，在購書人口減少的環境下對出版社而言無疑是龐大負擔。梁總經理表示，後來「按需印刷」技術普及，能夠以較少的印量維持成本，許多出版社都陸續接受、採用這項技術。雖然還是有一些出版社堅持只使用傳統印刷，但「按需印刷」的確為很多的出版社降低了庫存方面的風險。

「假設現在我們要重印幾十年前大賣的瓊瑤小說，一次印一千本、兩千本也不可能像以前一樣有那麼多人看了嘛。」對於時代的變化，梁總經理如此舉例說明。梁總經理也補充，按需印刷很靈活，除了不必一次印製大量書本之外，也能在書籍內容可能還需要調整的情況下，先印製幾本，等到確定沒問題以後再繼續印刷，像這種技術上的改進，就順利解決了出版社的一些問題。對於出版產業面臨的各種挑戰，梁總經理積極地吸收新的觀念和技術，整體環境變了，出版人的心態也勢必得要跟著改變。

二 實體書時代落幕，改變心態成生存關鍵

談及現今出版產業整體環境和二十六年前的不同，梁總經理直言，幾十年前的出版環境較為景氣，雖然書籍種類

沒有如今這麼多選擇，但學生都很用功，因此閱讀人口較多，當時經營出版社可以說是「印什麼書就出什麼書，出什麼書就賣什麼書。」梁總經理也分享，在這樣的環境下，那個時代的出版業老闆，即使要從臺北出發送書到桃園、中壢，也多是自己騎著機車親自去送；當時的土地也比現在便宜，出版社賺到錢後就購買土地、購買廠房，因而能夠累積一定的資產。

梁總經理坦言，當初眾多的出版社和實體書店到了現在都已經倒閉大半，「以前重慶南路上一百多家，如今只剩下七、八家了。」梁總經理如此說道。而那些碩果僅存的大出版社，其實也都面臨不小的困境，它們很多都是靠著用三、五十年前，在出版產業輝煌時期所累積的資產，興建大樓、辦公室，以租金收入彌補成本，才得以在現今的環境站穩腳步持續經營下去。

提及出版業同行所面臨的困境，梁總經理也無奈地說，許多出版社的經營者都互相認識，他常勸說其他老一輩的經營者們，時代已經和從前不同，應該要改變經營模式。無奈其他老派的同行們都聽不進去，心態仍固執地停留在五十年前怎麼做都好賺的時代。現在的環境中，少子化、閱讀人口減少、電子書興起、網路資訊發達這些情況都使整體出版產業面臨的挑戰變得愈加嚴苛。對此，梁總經理認為，出版社不能還一直沉浸在過去的輝煌之中，應當積極設法改

變以往的經營策略,找出能夠適應現代環境的辦法,才能長久經營下去。

三　掌握時代趨勢,發展電子書與網路市場

「改變作法」說來簡單,實際上卻並不是有改就好。在梁總經理看來,掌握時代的趨勢,確保改變的方向正確無誤是相當重要的。梁總經理也舉自己遇到的故事為例:「上個月有個老出版人來跟我說,他決定轉型,準備印一百種口袋書來賣。我就跟他說,拜託,你不要鬧笑話,現在公車上還有誰在看口袋書?大家都是『人手一機』地在滑手機啊!」那位老出版人以前去日本時,看見電車上每個人都在讀小小一本的口袋書,因此一想到要轉型,馬上就聯想到這件事情,決定將其作為新商品,卻忽略了口袋書的性質已不符合現代人的需求。

時代迅速變化,如何確定自己是否有成功掌握趨勢?對梁總經理來說,不停留在過去,持續學習與思考、接觸新事物,就是不被時代洪流拋下的關鍵,以書籍出版來說,電子書與網路銷售正是如今的趨勢。提及萬卷樓在這一方面的努力時,梁總經理回憶道,大約十年前剛接觸到電子書的概念時,有相關的廠商來談合作,他就明白這是未來的趨勢;幾年後,又收到蝦皮邀約合作,當時雖然對網路賣場還似懂非懂,看好其發展的梁總經理仍爽快地簽下合約,後續

果然在不費多少人力成本的情況下，就創造了每個月能額外增加十萬元銷售額的佳績。

然而網路銷售時代也衍生出新的問題，部分電商業者會以削價競爭的方式促銷書籍，對實體書店造成衝擊，也引起爭議。對此，梁總經理表示，萬卷樓的優勢在於代理及出版了許多外面實體書店沒有的好書，加上主要銷售方式是供應專業學術書籍給圖書館、學術機構等固定客戶，因此不易受到以一般大眾為主要客群的電商促銷影響。「我們有更好的銷售方法，不用走回頭路，那種價格競爭不是我所追求的方式。」梁總經理如此總結道。

四　文化政策與政治角力對出版業的影響

另一方面，對於出版產業所面臨的危機，政府也陸續推出各種文化政策，以優待、補助，或是推動公共出借權等方式，試圖幫助出版產業。這些多樣化的政策，在實際投身出版工作二十六年的梁總經理眼中，究竟有達到多少實際的效果？對此，梁總經理坦言，臺灣目前為止推出的出版相關政策，其實對萬卷樓的幫助並不大。

「先講圖書單一定價制度，假設某天公司即將虧欠支票，如果這時有人以折扣價要跟我買的書，即使要我連夜搬書我都願意賣。如果圖書不能打折，不就沒辦法這樣籌措應

急資金了嗎？」梁總經理說。雖然目前臺灣暫時沒有施行圖書單一定價制度，但的確曾有過關於是否應該施行這種規範的討論。

　　雖然不認同削價競爭，但對於這種制度，強調自由市場價值的梁總經理也同樣不贊同，認為會限制了出版業者的經營策略。而正在試行的公共出借權，在圖書館中的書籍被借閱時，會給予出版社一定比例的補貼，雖然政策理念沒有惡意，但梁總經理認為，目前這個政策給予的補貼太少，無法有效彌補因書籍借閱而造成的銷售損失。「我請會計算，補貼半年算一次，累積下來也就兩、三百塊，連我的計程車費都不夠。」提及補貼的成效，梁總經理如此說道。近年來兩岸關係與國際局勢多變，針對有人憂心大陸可能像限制農產品一樣，限制臺灣書籍的輸入這點，帶領萬卷樓長期耕耘大陸市場的梁總經理認為，出版業不必過於擔心。「書是一種文化商品，大陸恨不得多輸出一點，讓我們多讀他們的書，怎麼可能自己去限制兩岸書籍的進出口？」梁總經理說。在梁總理看來，兩岸互相限制各種進出口只是出於政治利益上的考量以及對對方的報復，限制書籍對此完全沒有好處，因此不需要過於擔心。作為萬卷樓的總經理，梁總經理親眼見證了出版產業從二十幾年前一直到現在的變化，對於出版產業正面臨的挑戰，也再清楚不過。出版產業或許的確已不如以往輝煌，或許真的已經成為外界眼中的夕陽

產業，但即便如此，梁總經理依然相信，出版產業的發展並不會就此走到尾聲，傳統的道路走不通，那就找新方法，用新的技術、新的作法去嘗試。只要心態樂觀、不輕言放棄，願意改變自己的想法，一定能找出克服眼前困難的道路，發展出一片新天地。「就是這樣嘛，景氣的時候有人樓塌了，不景氣的時候也有人起高樓。事在人為，我們要去想辦法改變這個世面。」作為總結，梁總經理如此說道。

萬卷樓梁錦興總經理於受訪時留影

同學們採訪時專注的神情

同學們於萬卷樓編輯部會議室採訪

──原刊於李志宏、張晏瑞總策畫，唐梓恩等主編：《拉一根線，穿織兩代稿事：學術出版人的來路與去路》（臺北市：萬卷樓圖書公司，2024 年 6 月），頁 161-168。

回顧萬卷，展望萬里

黃筠軒
國立臺灣師範大學國文學系

一　萬卷丘壑內營，萬里山河外引

　　藏身在大廈六樓的書店門市，只有一盞昏黃的燈光和一位櫃檯小姐，好幾排的書櫃佔據了小小的空間，擺滿了琳瑯滿目的書籍，無論是臺灣本地或是外地代理，只要是學術書，基本上應有盡有。然而相比堪稱壅塞的書本，店內一天下來倒是不見幾位客人。若往書店深處走去，業務部門便在後面的小房間裡辦公，處理來自四面八方的購書訂單。說起萬卷樓的行銷，梁總經理指點了「緣分」二字。作為學術出版社，來光顧的通常都是學生、教授、學者，目的也僅為了自己早已心儀的幾本專書、期刊，那書店裡幾百種、上千本的書，究竟有沒有銷售出去的一天？面對出版社身上貼著的「夕陽產業」標籤，梁總經理不過坦然一笑：「門市裡有人沒人，其實並不重要。」來訪者大抵都是口耳相傳，有緣則至而已。

學術書最大的客群不是個人，而是圖書館、研究院、大學……那些看似門可羅雀、無人問津的書籍，其實源源不絕地流入兩岸三地的藏書處。在臺灣，無論是中央研究院、故宮博物院或各大學、縣市圖書館，至少有八成的書籍和期刊，都由萬卷樓在供應。梁總經理對出版社的交貨速度與品質引以為豪，是十多年的累積，方促成這堅固的供應鏈。賣書就是交朋友，用最好的價格和最親切的服務做招牌，是萬卷樓長遠以來的銷售方針。而除了臺灣本地的銷售外，大陸圖書的進出口也屬大宗，透過與兩岸三地的學者、公司結交好友、締結良緣，將萬卷樓的圖書拓展至大陸各個學府與個人買家的手中。

　　除了口碑經營以外，社群媒體上的宣傳也正在起步，為了維繫與大陸市場的客群，萬卷樓以微信公眾號及群組的方式，每週固定放送書單，貼上書訊供購書群組內的消費者參考，若有意願購買，可直接傳送訂單給負責人員。梁總經理笑稱，每天看到微信裡的訂單成長，總覺精神百倍、幹勁十足。大陸市場仍有莫大的潛質待開發，公眾號即是觸及人群的重要媒介，如何在社群媒體上吸引更多人看書、買書？這是梁總經理時至今日仍在觀望、學習的議題。行銷的成本可大可小，而今短影音、圖文傳播等趨勢，都需要新的人力成本和技術來推廣。以持續地展望未來、落實當下為綱，而低成本、少工序、高成效的宣傳工具，是眼下待研議的目標。

二　技不如新，人不如故

　　資訊更迭飛速，出版產業所遇之困境，從電子書興起、電商平臺競爭、看書人口減少……等等，一路走到了 Z 世代的今天，面臨龐大的「人工智慧（Artificial Intelligence）」襲來，眾多產業與人員都警惕著，以防被學習力和技術力高強的 AI 取代。在以校對、排版等重複性工作為主的出版業，AI 將取代編輯工作的輿論更是甚囂塵上。然而，比起當代人看 AI 時的惶惑與不安，梁總經理處之淡然：「我不認為 AI 會對出版業造成什麼影響。」對於梁總經理而言，數十年的歲月裡，外界環境的變動是必然的，業績有消長、景氣有盛衰，人事流動離散，但梁總經理稱：「一個好的編輯不必緊張。」好的編輯會賦予書本鮮活的意義。沒有人需要是校稿機器，但得有人成為讀者和作者之間的重要橋樑，把作品最好的一面呈現出來。

　　誠然，書的製作有其固定流程與基本操作，可一本書的出版，須通過編輯與作者的溝通與交流，在涵融了多方的意見之後，方能匯總成編。梁總經理形容，出版的過程中「有一種藝術的美」，即使編輯並不是作者，但在編書的過程中，依舊投諸良多心力經營：「就像見證一個生命的誕生，完書時，編輯心中一定會有一種成就感。」作者使作品創生，而編輯則是為其修剪枝葉、換新土壤，力圖讓它成長茁壯，得

以遍行天下。人文的眼光與關懷,是任何人事物都無法輕易取代的特質,也是每個編輯須自我精進、發掘的部分。編輯與作者、作品之間所共鳴、流淌的纖巧覺受,正是書籍出版所承載的重要精魄。

隨著科技不斷在發展,出版業從最原初的雕版印刷、活字版印刷、傳統印刷一直到數位印刷,總有東西消亡,也終有事物常在。業者自然會雕琢自己的產業技術,以求用最低的成本達到最高的利潤,為了讓影印更便利、裝訂更快速、倉儲更效率,工具換了一代又一代,即使時至今日,電子產品日新月異,人工智慧與人類技藝相互競逐,梁總經理看待出版產業的人員前景,依舊覺得細水長流,無所可怖,技術會推陳出新,但匠心始終不移。

除了人工智慧的浪潮以外,外界也關心電子書與實體書之間的市場競爭,在講求環保、方便、電子化的年代,實體書書店漸漸式微,諸多連鎖書店一個接一個地熄燈。而以實體書為宗的學術出版社,是否會成為電子化風潮中的下一個犧牲者?對此,梁總經理依舊樂觀表示:「十年前也有人說電子書會取代實體書,但終究只是比例上有所消長。沒有一個東西會百分之百地被取代的。」電子書的崛起是不爭的事實,但持續推出、銷售的實體書仍有其不滅的市場地位。即使年輕世代好用電子產品,但仍有部分中老年客群推崇實體書的質感,且不擅長使用3C工具的消費者也大有人

在，梁總經理對於實體書未來的景況仍抱持開放、堅定、灑脫的態度，落子無悔，且行且看。

三　飄飄何所似，天地為壯遊

梁總經理說起數十年打拼經驗，便目光矍鑠和侃侃而談，面對外人眼中坎坷慘澹的出版業前景，梁總經理總是樂觀以對，回想過去所有的艱難關隘，似乎都不成問題。內心之中不斷有一堅定的聲音縈繞，「我想我一定會站起來，這種信念支持了我八十年。」面對當代青年所遭遇的心靈困頓，梁總經理以《飄》中的句子予以勉勵："Tomorrow is another day."無論如何都要向前看。世事本無常，颱風了就穿一件衣，下雨了就撐一把傘，無論好的壞的，總會過去的。最重要的是心態的陶養，如《論語》裡，子路向孔子問道：「君子亦有窮乎？」孔子答曰：「君子固窮，小人窮斯濫矣。」君子之所以為君子，並非取決於人生境遇的順遂與否，而是因其處世的原則而言。途窮而不自棄者，方可謂君子。

梁總經理「以順處逆」的經世哲學，正是君子的體現。年輕時誰都浮躁，梁總經理認為自己亦然，年逾杖朝的他遙想過往青蔥歲月，也覺不如現在看得透徹。正因當初不安於辦公室裡朝九晚五的白領生活，才在青年時毅然轉換軌道，邁上經營出版產業的道路。梁總經理深曉，剛踏出學府的青年，投職時總會衡量工資高低、工作環境好壞，大多為圖事

少錢多的輕鬆工作。面對可能投入出版產業的社會新鮮人們，梁總經理也婉言相勸，出版不是兒戲，也不是金磚：「不管是主動追尋，或是被動邀約，先不要瞧不起這份工作、或討厭它。即使一個月只有三萬工資，那又怎樣呢？」工作重在對於企業經營的認同感，而人就是反覆地在嘗試和磨練中認識自我，倘若自覺這份工作不適合自己，那就趕緊去換；而既然選擇接受挑戰，便用積極樂觀的想法去思考和面對，慢慢地對眼前的事業產生興趣、培養經驗。這是人生必經的過程，也是重要的養分。

在漫漫的人生道路上，個人主觀條件的影響極其深遠，梁總經理如是說道：「世界不能圍著你轉，你得自己試著接受它。」把比較的心放諸身外，持之以恆地修養自己的能耐與心境，不怨天、不尤人，子曰：「君子不立於巖牆之下」，那幢牆是矗立在心裡的牆，是自己給自己的檻、是對夢幻泡影的耿耿於懷、是受限於世俗眼光的桎梏。假使身纏萬貫金財，可心仍如不繫之舟，又有何用呢？在出版產業沈浮飄蕩二十六載春秋，梁總經理依舊豁然瀟灑，在紅塵雲擾之中，坐擁萬卷樓而屹立不倒。旁人眼中的一段漫漫苦行，在梁總經理心底是一場天地間的壯遊，走過、看過、闖蕩過，跨越無數山海險阻，歸來仍是赤子無畏。梁總經理以此鼓勵未來初出社會的莘莘學子，浮生幾經輾轉，所有的風風雨雨會織就生命斑斕的花紋，待我們走出出版社、走出舒適圈，一一

去感受、珍藏那些此生僅有的光景,不負年輕與想望。

　　——原刊於李志宏、張晏瑞總策畫,唐梓恩等主編:《拉一根線,穿織兩代稿事:學術出版人的來路與去路》(臺北市:萬卷樓圖書公司,2024 年 6 月),頁 161-168。

始終秉承共同發揚中華優良傳統文化的理念並持續落實

佚 名
中國評論通訊社記者

梁錦興表示，作為第八屆兩岸文化發展論壇在臺主辦和承辦的單位與有榮焉。本次活動中心主題為「兩岸文化合作交流的賡續與創新」，目的在於探討兩岸文化教育的交流合作、兩岸文學的審美價值與情感認同、兩岸藝術文化的當代融合與創新、兩岸史學對話、史觀建構與歷史認同重建、兩岸傳統技藝傳承與當代創新、兩岸文化遺產保護現狀與未來展望、中華智慧在兩岸文化教育交流中的作用、兩岸青年文教交流的升華能否融會與創新，以及兩岸文化交流相關議題。

他強調，兩岸文化同根同源，而未來文化的發展也將呈現一致性。其中交流是在兩岸文化發展中起到不可或缺的作用。要始終秉承共同發揚中華優良傳統文化的理念，持續落實好的建議與想法，對文化的發展以及兩岸同胞的和諧、共創、共榮，都能夠帶來實質有益的幫助。

第八屆兩岸文化發展論壇由福建師範大學、中國藝術研究院、福建社會科學院、臺灣世新大學、臺灣萬卷樓圖書股份有限公司，教育部人文社科重點研究基地閩臺區域研究中心、海峽兩岸文化發展協同創新中心、福建省海峽文化研究中心、《海峽人文學刊》等單位聯合主辦。來自海峽兩岸近五十所高等院校與科研機構的一百二十多位專家學者參加了本次論壇。

圖一　九月十八日，臺灣萬卷樓圖書公司總經理梁錦興在第八屆兩岸文化發展論壇開幕式中致辭

　　——原刊於中國評論通訊社，2021 年 9 月 26 日報導。
　　　網址：https://reurl.cc/VYg60R。

臺灣圖書界人士梁錦興
願用圖書鋪就兩岸交流之路

尚昊、喬本孝
新華社記者

　　對於臺灣簡體字圖書進口聯誼會創會會長、臺灣萬卷樓圖書公司總經理梁錦興而言，回憶起自己人生已經走過的七十多個年頭，一九九〇年總是一個繞不開的節點。

　　那一年，萬卷樓公司在大陸一口氣購買了九千包十八萬冊簡體字圖書，運往臺灣。雖然梁錦興本人和公司因此被臺灣當局列入「黑名單」，但從此，大陸圖書得以突破禁忌，進入臺灣。

　　本月，梁錦興帶著三千餘種臺灣繁體字圖書來到福州，參展第二屆海峽讀者節。

　　一九四二年，梁錦興出生於臺灣屏東一戶農家，祖籍廣東梅縣。無論是在屏東鄉下赤腳奔跑的中小學時光，還是後來隻身來到臺北就讀大學和研究所，書籍都是梁錦興生活中不可或缺之物，他尤其喜愛中國的傳統典籍和文學。

一九八七年，臺灣「解除戒嚴」，但大陸圖書在島內仍處於非法狀態，僅可供學術文化人士參閱，卻不能在市場上公開。

「兩岸同根同源，臺灣的民眾希望了解大陸，更重要的是，大陸是中國文化的根基，離開來自大陸的圖書和資訊，臺灣的許多學術研究和文化活動都很難展開。」梁錦興說。

在籌資三百多萬元新臺幣後，萬卷樓公司來到北京琉璃廠中國書店，選購簡體圖書。「中國書店全部把門關起來專門處理我們的事情，處理了好多天，三百多萬臺幣當時合四十多萬人民幣，是當時中國書店三個月的營業額。」梁錦興說。

就這樣，九千包十八萬冊圖書抵達臺灣，堆滿了寄達的郵局。隨之而來的是，萬卷樓和梁錦興被當局列入「黑名單」，處以二十萬新臺幣的罰款。

梁錦興沒有想到的是，十八萬冊圖書到來後，前來買書的人絡繹不絕，大陸圖書得以突破禁忌進入臺灣，也為其他臺灣書商吃下了一顆「定心丸」。

此後，臺灣的書店中，大陸圖書越來越多，雖然仍處於半公開、半地下的狀態，但卻銷勢良好。在民意代表和社會輿論的壓力下，臺灣當局只得對此默許，直到二〇〇三年修改相關規定，對大陸圖書等出版品實施解禁。

此後，梁錦興和同仁成立了臺灣兩岸華文出版品與物流協會、簡體字圖書進口聯誼會，一方面努力將大陸圖書引進島內，另一方面也將臺灣的圖書介紹給大陸讀者。

梁錦興往來於兩岸之間，與大陸同行從陌生到知交，從知交到深交，成為了兩岸圖書行業的一個紐帶。「如同老師是要給學生傳授知識那樣，我是一個圖書出版者，當然要把好書介紹給兩岸的讀者。」梁錦興說。

如今，兩岸間的圖書交流早已不同以往：在大陸，高等院校臺灣圖書數量逐漸增加，不少書店開闢繁體字圖書專區，年輕一代的繁體字識辨能力也有所提高；在臺灣，問津堂、若水堂、秋水堂等專業簡體字書店受到追捧，讀者得以方便地從臺灣市場上買到大陸最新流行的書籍。

參加海峽兩岸圖書交易會，到海峽讀者節推介臺灣圖書，與大陸高等院校合作整理學術著作……如今，七十五歲的梁錦興仍然在堅持著，用圖書鋪就兩岸交流之路，一年往返海峽之間十餘次。

在梁錦興看來，圖書往來是兩岸間湧動的一股暖流，將會源遠流長。「兩岸圖書的交流應當帶著同胞和家人的心態去看待，一切都會自然而然，水到渠成。」

——原刊於新華社，2016 年 4 月 25 日報導。

專訪萬卷樓圖書公司
梁錦興總經理
——談大陸簡體字圖書的進口問題

破曉
記者

大陸簡體字圖書進入臺灣地區發行銷售許可辦法修正條文，已經在七月八日正式實施。在實施之前，由二十家大陸簡體字圖書進口商組成的聯誼會，曾多次與主管機關新聞局進行溝通協調，藉以表達進口書商的意見與心聲。以下是本刊記者對大陸簡體字圖書進口業聯誼會首屆會長梁錦興總經理的專訪報導。

記　者：大陸簡體字圖書進口，是根據什麼法？已經實行多久時間？

梁總經理：大陸圖書進口是根據兩岸人民關係條例，從開始實施到現在已經有十幾年時間。民國八十一年訂定《兩岸人民關係條例》到現在同樣有十餘年。基本

    上當年訂定該條例的時候，跟現在的時空背景完全不一樣，那時候的防範心理比較強，顧慮的地方也比較多，總是擔心受到對岸的統戰。

    但是，十多年來好像也沒聽說有人因為看了大陸簡體字書而賣國、或者被統戰。有人說看大陸簡體字書會影響國家安全，那娶大陸老婆是不是更可能影響國家安全呢？

記　者：有人說限制大陸圖書進口是居於國家安全考量，這種說法您認同嗎？

梁總經理：大家都知道，知識本身是沒有國界的，許多大陸方面的知識從網站或電視上一樣可以很快得到，若真的會影響國家安全或被統戰的話，網站或電視的問題豈不是更嚴重、更可怕嗎？

    再說，《兩岸關係條例》第九條規定國人非經主管機關同意不得前往大陸地區。但是十多年來，請問有多少人去過大陸？去投資的臺商不說，純粹去旅遊的人數恐怕不下千萬人次，請問這些人都經過主管機關的同意了嗎？每年這些前往大陸不管是經商或旅遊的國人，他們直接從大陸書局買回來多少簡體字書主管機關知道嗎？加以管理了嗎？影響國家安全了嗎？那些人被統戰了嗎？又十多

年來政府執行過兩岸關係條例第九條規定了嗎？國人去大陸經商、去玩、去買書政府管都不管，偏偏抬出兩岸人民關係條例第三十七條來限制大陸簡體字書的進口，既沒道理也說不過去。

記　者：進口商一再呼籲我方政府開放大陸圖書進口，不知是否也曾考慮過呼籲對岸政府也能在相同條件下開放臺灣繁體字書進入大陸？

梁總經理：以兩岸沒有互惠或不對等處理作為搪塞的理由實在很難叫人信服，因為大陸的體制與臺灣不同，對岸只允許中圖、國圖、教圖、版圖四家公司進口臺灣繁體字書，那是他們的問題，而我們號稱經濟自由國家，歐、美、日等國家的圖書都能自由進口，實在沒理由單獨禁止大陸簡體字書的進口。

　　談到兩岸對等問題，那是政府相關部門應該努力去跟對岸交涉，爭取臺灣繁體字書進入大陸，而不應該拿我們大陸圖書進口商來當談判籌碼。

記　者：記得之前政府相關主管機關，曾考慮到開放大陸圖書進口會引起國內出版業者的反彈，就這一點梁總的看法如何？

梁總經理：民國九十一年五月十七日新聞局曾邀請所謂的「九大出版社」，探討開放大陸圖書進口對國內出

版產業的衝擊問題,結果會後九大出版社發表了五點聲明:一、對大陸簡體字出版品開放進口樂觀其成;二、因授權版本與授權地區的限制,而不應進入臺灣地區的出版品,不應與大陸簡體字出版品開放之議題混為一談;三、政府應先將現行法律不足、不清之處予以補充與澄清;四、書店業者應當自律;五、只有在一個尊重銷售秩序的社會,作者、出版者、經銷者才能獲保最大利益。

另外,九十一年九月二十五日文化界人士也發表四點聲明:一、大陸圖書進口屬學術自由、思想自由,不應加以管制與限制;二、陸委會與新聞局並不具備管理與規範學術資料能力,不宜擔負檢查任務;三、兩岸學術交流,有助於臺灣社會知識流通與多元發展;四、任何因開放大陸圖書進口所造成的商業衝擊,自有民事侵權與智慧財產保護法規範,新聞局無權越俎代庖。

記　者:其實政府是不是應該同時把出版、發行、零售三方業者一起找來,辦一次大型公聽會,大家坐下來討論開放大陸簡體字書的問題,聽一聽不同領域業者的意見?

梁總經理:對啊!本來就應該這樣。其實國內還有許多進口大陸書的書商,反而是在私底下操作,用另外的名

目進口，政府根本管不到。畢竟在臺灣的市場老早將書當作商品看待，生意人講的是將本求利，如果臺灣市場對大陸圖書有需求，進口大陸圖書又有利可圖，我相信政府絕對禁不勝禁。

記　者：針對大陸圖書進口的許可辦法修正條文的問題，以梁總經理為首的二十家進口書商有無因應措施？

梁總經理：為了大陸圖書進口問題，總共有二十家志同道合的大陸簡體字書進口書商在六月初成立了「大陸簡體字圖書進口業聯誼會」，並在六月十七日召開會議，會中業者對許可辦法修正條文做了幾項討論，清楚表達了大陸簡體書進口商的立場與見解。

一　對大專專業學術圖書認定方式的質疑

圖書出版品反映人生各層面，範疇廣泛，是否屬大專專業學術用書，本屬見仁見智，請誰來審查？由誰去敦聘？審查費誰付？若因看法不同，致延誤商機，責任誰屬？

二　進口大陸圖書出具原出版社著作權證明的質疑

大陸簡體字圖書，究竟是屬於本國出版品或外國出版

品？如果屬於本國出版品，請問臺灣出版品在銷售時需要檢驗著作權證明嗎？若屬外國出版品，請問英文、日文、俄文、韓文等出版品進口時需要檢附前項證明資料嗎？

三　申請手續費的質疑

依「注意事項」第五條，收費標準每一案件手續費一千元，而奇碁公司手續費收費標準卻以冊計，每冊五元，相差達百倍。又出版公、協會受理申請後七個工作天內應完成審查。如因量大不克如期完成，請問是否可適用國家賠償法？

記　者：政府之所以對進口大陸書要做這些規範，除了是替國內出版業的利益把關外，說不定也考慮到萬一不加以規範，可能有些進口書商會胡亂進口而造成倒閉，這或許是對進口書商在設身處地著想啊？

梁總經理：我認為生意就是生意，在自由市場的機制下，大家公平競爭，優勝劣敗，如果做不好自然會被淘汰，就像國內最近幾年內有好幾百家書店倒閉，新聞局出面關心了沒有？我覺得政府應該站在輔導的立場來關心業者，而不是用法律去做一些不當的限制。

記　者：記得去年好像曾針對進口大陸書問題，開過不少公聽會、座談會，難道那時候進口書商都沒將前述的意見反映出來嗎？

梁總經理：最近我們也跟新聞局開過幾次協調會，官員們抱怨說在去年召開的幾次公聽會上，大家都沒提出意見，為什麼等要公布實施了才意見一大堆？其實，在每一次的公聽會上，從立委李慶華、陳學聖甚至葉局長所主持的，我們業者都提出相當多的意見，那時新聞局在結論的時候總是說，大家所提的意見都很好，我們會帶回去好好研究，結果現在竟然說我們都沒提意見，真是莫名其妙。

記　者：在這次公布的「大陸簡體字圖書進口許可辦法修正條文」當中，除了對前面所談的限制大專專業學術用書有意見之外，對於其中提到必須向出版公、協會提出申請，必須提出無侵權證明……等問題，梁總經理的意見如何？

梁總經理：修正條文中有一項規定就是需要大陸方面的出版社出具無侵權行為，這不就像賣牛肉麵的必須說明進口的牛是哪個國家哪個牧場養的、並提出沒有狂牛病證明一樣嗎？我們進口大陸簡體字書並不是直接找大陸的出版社，而是向新華發行系統下單定書，如果每種書都要求提供無侵權證明，不但窒礙難行，事實上也不可能做得到。

　　其次，申請規定要求，每一本進口的簡體字書上都要貼黏「核准號碼及進口書商相關資料」，以

便日後查核。一本漂漂亮亮的書貼上這些東西能看嗎？我們賣書都有發票可供日後查核，為什麼還要多此一舉呢？有什麼意義呢？再說我們申請的時候都有清單，進口什麼書一目了然，而且還經過了公、協會的審查，有問題還怕找不到進口源頭嗎？

　　談到像出版公、協會提出申請的問題，其實大家都心裡有數，現在的所有公、協會都是人力不足，光處理本身日常事務都處理不來，哪來多餘人力受理大陸進口書的審查申請工作，等修正條文正式實施（七月八日）之後，我相信極可能會問題層出不窮，到時候萬一造成人民權益受損（審查時效延誤），行政爭訟將此起彼落，不僅勞民傷財，也將損及政府威信。

記　　者：就梁總經理的認知，目前大陸簡體字書平均每月的實際進口數量是多少？

梁總經理：我曾經問過新聞局官員知不知道現在一個月進口多少大陸簡體字書，他們說根據新聞局的調查，一個月大約兩萬冊。這簡直離譜到家了！這兩萬冊是我們這些循規蹈矩的書商經過正式報關進來的，每一筆都清清楚楚。但是難道這些官員真的不知道有「水貨」書嗎？就我個人的了解，走水貨方式進來的簡體字書數量，是正式報關進口的好幾倍。

所以，我覺得管制我們這些循規蹈矩的守法書商，對那些進水貨的非法業者卻一點辦法沒有，這太不公平了，這不等於是政府在鼓勵非法、鼓勵投機取巧嗎？何況那些走水貨方式進來的大陸書才可能是有問題的，有問題的管不到，沒問題的拚命管，沒道理嘛！

記　者：就政府的立場，訂定許可辦法，或許有其難言的苦衷，但相信主要還是為了整體國家利益做考量，而非故意跟大陸簡體字書進口業者過不去才對。

梁總經理：如果真的是居於國家利益考量我們也不是不能接受，但政府應該跟業者說清楚講明白，不要老說些讓人無法接受的理由。而就我所知道，最近大陸方面也在考慮要採取「限制臺灣圖書進入大陸」來回應我們這邊的這項作法。如果兩岸政府都相互採取這種「你不讓我的書進去，我也不讓你的書進來」的態度，那兩岸的文化交流不是開倒車了嗎？

記　者：梁總經理被推選為「大陸簡體字書進口業聯誼會」會長，就已經定案並公佈的「大陸簡體字書許可辦法修正條文」，不知還有沒有其他補充意見？

梁總經理：站在大陸簡體字進口業聯誼會會長的立場，我最後再補充以下五點聲明：

一、我國出版法已經在民國八十八年廢止,藉以回歸憲法保障人民出版自由之本旨,政府實在不宜重蹈過去管制言論的覆轍,且大陸出版品與其他外國出版品無異,其相關管理應該與外國出版品一致,如真有涉及具體煽惑犯罪、或危害國家安全、利益等情事者,自應遵循法律途徑處理。

二、進口大陸簡體字圖書縱有管制必要,為顧及現實執行面,宜改由業者切結表示未觸犯本辦法第四條規定,或以事後抽驗為執行方法以資兼顧。

三、圖書出版品範疇廣泛,何者屬於大專專業學術用書有其界定上的實質困難處,如強令業者出具學校證明,無異鼓勵造假,形同睜眼說瞎話,並無實質意義。

四、關於「取得合法版權或發行權」一事,此屬法律之私權領域,應由當事人自行協定,事後如有爭執,亦應由當事人民、刑事程序解決,今欲以行政權加以干預誠屬不當。

五、我國已進入 WTO,各會員國權利除另議排除者外,應以平等為原則,如單獨將大陸出版品與其他外國出版品實施此等巨大之差別待遇,徒增爭議,實不宜也。

訪談後感想

　　政府當然有政府的立場與堅持，必須居於整體國家安全利益來訂定決策。只是，政府的存在何嘗不是為了服務人民百姓？何嘗不是為了替人民百姓創造利益？設若政府政策有所不當時，設若政府政策可能損及人民的權利時，不知政府本身能否自我虛心檢討，做必要的補救措施與改進？

　　大陸出版品進入臺灣地區發行銷售許可辦法修正條文業於七月八日正式實施，效果如何？有無窒礙難行之處？
　　有待時間的考驗與證明。只是，在正式實施（七月八日）之前，新聞局相關單位曾多次邀集大陸簡體字圖書進口書商進行溝通協調，上述書商們的意見與看法，都曾在協調會上表達過，相信主管機關應該了解書商們的想法跟要求，主管機關或許曾在協調會上向進口書商說明清楚，只是，書商們是否認同、能否接受政府的說法，同樣有待時間來證明。

　　今天許可辦法修正條文已經開始施行，在此套用本刊八十九期第三十二頁的一段話，既然許可辦法已頒布實施，一切就應按辦法所規定確實執行，民間公、協會或書商若有違反規定者，政府絕對要拿出魄力依法嚴懲。政府主管機關能否落實公權力的執行，將攸關此一許可辦法修正條文實施的成敗。若政府不能有效執行公權力，沒有辦法確實執行許可辦法條文，編者同樣一句老話，請政府面對現實，趁早

廢除許可辦法，讓進口大陸圖書問題回歸自由市場機制！

附錄　大陸圖書進口業聯誼會會員名錄

Oriental Trend Enterprise Co.

大路文化

山外

天龍圖書　風雲圖書

文興

五南文化

亞典

明目

秋水堂

若水堂

泰安

臺灣高等教育出版社

高雄萬卷樓

問津堂

結構群

萬卷樓

聖環

誠品

漢國冊府

合記圖書出版社

禹臨圖書公司

知音出版社

——原刊於《出版流通》第 90 期（2003 年 8 月），頁 18-23。

中編　經營心路

篳路藍縷，以啟山林

——談《國文天地》與萬卷樓經營的心路歷程

梁錦興
萬卷樓圖書公司、國文天地雜誌社總經理

今年是我到《國文天地》任職的第二十個年頭，二十年的時間，對任何人來說，都不是一段短的時間。至少，佔據了人生中三分之一精華時段。對於年過七旬的我而言，說這是我人生中從事的最後一個工作，也不為過。當編輯部在策劃此一專輯的時候，邀請我來撰稿，要我從「公司經營者」的角度，談談這段經營《國文天地》的心路歷程，我慨然應允，而往事歷歷在目。

一

「《國文天地》雜誌社」與「萬卷樓圖書股份有限公司」，雖然是兩個不同的商業機構，但其實兩者之間的關係，密不可分。雖然這不是什麼祕密，但知道的人，可能不多。

在正中書局創辦《國文天地》雜誌後，雖然有一段輝煌

的時期,但仍然入不敷出,逃不過虧損的命運。因此,在創刊兩年後,便急欲停刊。

當時,師大國文系的一群教授,不忍心這個優良雜誌,就此消失。因此,大家集資成立了「《國文天地》雜誌社」,把這個刊物,從正中書局手中,將它接過來。正中書局在當時,是國民黨的黨營機構,資本雄厚,尚且承擔不住《國文天地》的虧損,這群教授創辦的「雜誌社」,怎麼能夠撐得下去呢?很快就面臨了財務困窘的狀況。

為了解決這個問題,當時的社長林慶彰先生,便主張進口大陸簡體字書銷售,來解決《國文天地》的財務問題,因此,在接手《國文天地》的第二年,林先生便請當時的《國文天地》的股東們,籌募了三百多萬的臺幣資金,換算為人民幣約四十萬,到大陸去買書,一下子進口了九千多包,共十八萬冊的大陸書,入臺銷售。

在戒嚴未解除的當時,這是文化界的一項創舉,也挑戰了當局的底線,所幸並未發生令人遺憾的事。也因此,萬卷樓圖書股份有限公司,就在一九九〇年九月五日,正式註冊成立。成立後,除了銷售大陸圖書外,便是繼續維持《國文天地》雜誌社的經營。

在當時,《國文天地》對我來說,只是一個「新聞」上的「報導」,而這群報導中的人物,有些是我的朋友,除此

之外，並沒有太大的關聯。那時，我的工作，是在大陸擔任臺資企業的企管顧問。

二

後來，我內人在離開原本任職的工作後，在朋友的引薦下，進入了萬卷樓圖書公司。有一年過年，我回臺灣休假。內人告訴我，公司的運作，遇到了危機，她準備離職了。職場工作，就像搭電車一樣，到站了就下車，下一部屬於自己的車來，再上車。工作的更換，並不是什麼太特別的事情。但因為朋友的關係，在人情上，我也必須做一番溝通。

因此，約了朋友，從公司的近況聊起，才知道公司的財務遇到了問題，已經十分辛苦了，加上人事傾軋，面臨了可能要倒閉的命運。朋友甚至要我提供點意見，看怎麼收拾善後為妥。我依照在商場上的經驗，以及危機處理的專才，分享一些看法。朋友聽後，大為驚訝，便邀我跟現任的董事長陳滿銘先生見面，大家再談一談。後來，在信義路上的一間咖啡廳內，我們談了一個下午，開啟了我進入萬卷樓、《國文天地》的大門。

當時，我向大陸的公司，請了三個月的長假，到萬卷樓來幫忙。坦白說，雖然是來幫忙，但卻是來幫忙「善後」的。如何讓萬卷樓在有尊嚴的方式下結束營業，是我當時評估

的重點。因此，我就以總經理「朋友」的身份，到萬卷樓駐點觀察了三個月。三個月後，我們三人，再次坐下來討論。當我最後提出：「這個公司，只要好好經營，還是能夠存續下來。」的結論時，大家眼睛都亮了。

當時陳滿銘老師便力邀我加入公司的經營團隊，並且允諾「錢，他來想辦法」。那時，我在大陸的月薪，是十五萬臺幣，外加每個月三千塊人民幣的特支費。照正常的狀況來說，我是不會留下來，離開現有的工作，轉任到這個岌岌可危的公司的。

但緣分，總是神奇。我年邁的母親生病了，在最後能陪伴她的時間裡，我不能遠離她，再到大陸工作了。因此，我答應了陳老師的請託，也接受了一個當時公司所能付出的一個極低的薪水。我唯一的條件只有：董事會退居幕後，公司採「總經理」制。由「總經理」承擔整個公司的運作和決策，避免太多意見的干擾。

在正式上任之前，董事長陳老師召開了董事會，介紹了我給董事會的成員認識，並且決議通過「總經理」制的要求。當時，董事們問我：「梁先生請問你打算怎麼挽救萬卷樓、《國文天地》目前的狀況？」我回答：「當務之急，先停掉《國文天地》！」

三

　　當時,《國文天地》每個月的人事費、稿費、排版費、印刷費等等的費用,計算下來,一個月虧損五、六十萬。那時候,萬卷樓圖書公司的營業額,一年才只有六百五十萬臺幣,實在養不起這個雜誌。我一提出這個意見,大家一片譁然。但面對當前的困境,在沒有更好的辦法的情況下,當下也不敢提出意見。會後,幾位老師來找我,請我無論如此,要想想辦法,不要輕言停掉《國文天地》。我也是學者出身,能夠了解這些讀書人的理想和堅持,當時便答應了萬不得已,決不停刊的承諾。

　　在正式上任之後,面對岌岌可危的公司,我做的第一件事情,就是先把《國文天地》與萬卷樓圖書股份有限公司,做明確的分割。在當時,「萬卷樓」雖然是《國文天地》轉投資的公司,但實際上並未有實際的資金投入,兩家公司的帳務與股權分配,並不清楚。雖然我做了「不停刊」的承諾,但我心裡很清楚,這在當時,幾乎是一項「不可能的任務」。因此,我先通過「減資」的方式,降低《國文天地》雜誌社的資本額,再用「增資合併」的方式,把《國文天地》的股東,合併到「萬卷樓」來。

　　在企業管理上,公司面對鉅額的虧損,用這樣的方式來處理,是很正確的做法。但這群股東,都是搞「文學」的,

有很多人不了解我為什麼要這麼做,引起了很大的反彈。有些人對我頗有微詞,甚至打電話來批評我,我也只能默默地忍受下來。

在兩家公司的股權結構弄清楚後,我在萬卷樓設立了「編輯部」,把《國文天地》的編輯、發行工作承接過來,等於《國文天地》不必再負擔這些成本。我心裡認為,未來只要「萬卷樓」做得好,《國文天地》就能夠繼續辦下去。

四

此後,我的重心,都放在萬卷樓的經營上,以確保《國文天地》在沒有資金的問題下,能夠每個月出刊。而編輯、企劃等工作,就交給總編輯和編輯們去操心了。當時,編輯部中,有很多正在就讀碩士班、博士班的學生,在公司做編輯工作,或是協助《國文天地》撰稿。現在,都成為學術界中的優秀學者,擔任系主任、院長等職務。回想當初,看著他們熱情於編輯工作,到現在的發展,實在非常令人欣慰。但他們可能都不曉得,資金調度的重擔,都壓在我的身上。

在當時,「萬卷樓」的經營,仍然是以大陸簡體字書進口銷售為主,但由於兩岸逐漸開放,許多銷售簡體字書店,如雨後春筍般的開起。做為商人,利之所在,大家趨之若鶩,這也無可厚非。但一下子大量的簡體字書店進來,對市場並

不是好事。當時,簡體字書進口,仍未有法源依據,算是遊走法律邊緣。後來,我組織了「簡體字書進口業者聯誼會」,由我擔任創會會長,聯合這幾家簡體字書店,向政府建言、爭取。經過不斷的討論、會議、衝撞,終於擬訂出《簡體字書進口辦法》,使得簡體字書進口,有了明確的法源依據。

能夠合法進口之後,下一個產生的問題就是市場競爭。簡體字書在臺灣,適合的是一些特殊的族群。例如:專業的研究學者,大專以上的文史哲學系的老師、學生,或是需要大陸簡體文獻資料的人士。這些簡體字書店的老闆,有些懂書,有些不懂書。有時為了降低折扣,大量進貨,每種書進口二、三十本;有時不懂市場,進口了大批的市場性圖書。前者造成供過於求,後者則不適合臺灣市場。在庫存的積壓之下,為了資金的周轉,便開始了削價競爭。很快的,臺灣的簡體字書市場,馬上就殺成一片紅海。記得當時,簡體字書的銷售,可以採人民幣定價的兩倍,做為臺幣售價來販售。換算下來,大約是定價的四折在銷售,實在不可思議。

面對這樣的市場氛圍,我選擇了「館配用書」的市場來經營,放棄店頭零售的削價競爭,專門針對圖書館的採購下功夫。圖書館用書的供應,重點在書商的服務,是否滿足圖書館員的需求,而不是幾塊錢的差價。因此,在市場一片混亂的時候,萬卷樓仍然維持大陸書定價的「五點五倍」,作為臺幣售價販售,不隨便打折。當時,也有人提出質疑,「不

降價的話,客人都跑掉了!」殊不知,低價競爭的廠商,只是在維持生存,而我們經營的目的,卻是在「永續經營」。後來,這些低價競爭的廠商,在零售市場上無法獲利後,紛紛轉向「館配市場」來競爭,可見當時我的判斷是正確的。

　　當這些廠商進軍館配市場後,仍然採用的是「削價競爭」的手法。但圖書館服務的品質,我們已經建立了口碑,所以對我們產生的影響有限,但也造成了不少的困擾。當時,臺灣出版業的發展,已經開始走下坡。新的媒體不斷推陳出新,網路發達,獲得資訊的管道多元化,加上知識分子外移就業,出生人口數下降等問題,使得買書的人變少了。因此,我便把市場發展,轉移到對岸的「大陸市場」。在當時,大陸經濟崛起,兩岸關係改善,文化交流頻繁。因此,我們開始嘗試把臺灣圖書出口到大陸去。

五

　　大約在十年前,我們開始發展出口業務,通過廈門、北京的書商,把「萬卷樓」及其他臺版的書,推廣到大陸去。在當時,臺灣書在大陸是很新鮮的產品,首次推出,就獲得了很好的迴響。但當時「萬卷樓」的產品都是「語文教學類」的書籍居多。兩岸語文教學的課程、教材教法不同,很難持續的擴展。後來我們鎖定「學術類書籍」,做為開拓大陸市場的特色,與中央研究院史語所、文哲所、近史所等各個所,

簽訂經銷合約。並且與臺灣各個著名的學術類出版社，建立了經銷的關係，努力發展出口的業務。這段時間，正好是大陸高校教學研究經費大幅增加的好時機。各大學空有宏偉的圖書館，卻沒有豐富的館藏。加上，過去兩岸間的隔閡，臺灣的學術研究文獻，正是大陸各大圖書館現在急需的典藏的文獻。我們把握到這個機會，把出口的業務發展起來。

在發展出口業務的同時，臺灣的發行商，也發現了大陸市場，紛紛投入這塊市場的經營。一個市場，一但有了競爭對手，很容易就會落入削價競爭的問題。我不禁地感覺到，如果沒有屬於自己的產品，在市場競爭中，很容易就會受到影響。因此，我向董事會提出了「固本計畫」的想法，也就是重新重視編輯部，致力開發屬於萬卷樓自己品牌的產品。

六

這項計畫，在獲得董事會同意後，我針對編輯部的人事做了調整，組織了一個新的團隊，開始發展學術類的出版品，並且以「文獻類」的套書著作，作為重點發展的項目。此外，在編輯成本的管控上，也下了工夫。導入了當時還尚未普及的「POD」按需印刷技術。把過去出版一本書，為了平衡製版的費用，每次印量都要高達上千本的問題，做了調整。使得印刷的總體費用，大幅下降，同時也大幅降低了倉儲空間，省下了可觀的倉儲費用。經過這樣的調整，萬卷樓

的編輯部,就沒有了後顧之憂,可以放膽地去衝刺新書的出版。目前在臺灣出版業一片不景氣的情況下,出版同業對於新書的出版,都非常的謹慎,「萬卷樓」在經過這樣的調整後,每年編輯部的業績,都呈現百分之三十到五十的成長。七年前,一年出版不到三十種書;到二〇一六年,一年的出版量已經超過二百種。整個編輯部,不過四個人,能夠創造這樣的成績,同業都感到不可思議。

七

談到這裡,講的似乎都是萬卷樓的故事,事實上也是《國文天地》的故事。如果「萬卷樓」沒有發展起來,《國文天地》是沒有辦法支持下去的。今天《國文天地》雜誌在幾位老師和編輯們的努力下,持續地出刊到現在,並且策劃這個「專輯」。對我而言,存在著相當大的意義。我可以很自豪地說,二十年前的「承諾」我做到了!現在,如果有人說要把《國文天地》停刊的話,那我會第一個跳出來反對。即使現在《國文天地》仍然依附在萬卷樓下,無法自付盈虧。但萬卷樓一路走來,都是「逆勢操作」。我堅信一句話「順風可以吹倒城牆,逆風可以展翅高飛」。《國文天地》超越三十二週年的今天,該是努力讓它「展翅高飛」的時候了。

——原刊於《國文天地》第 32 卷第 8 期(2017 年 1 月),頁 14-18。

砥礪現在，開創未來

——二〇一二年《國文天地》的回顧與展望

梁錦興
萬卷樓圖書公司、國文天地雜誌社總經理

張晏瑞
萬卷樓圖書公司、國文天地雜誌社副總編輯兼總經理助理

　　本期是《國文天地》雜誌二〇一二年的一月號，在出刊前夕，我們收到了一個令人振奮的消息。《國文天地》雜誌通過國立台灣文學館的肯定，獲選為「優良文學雜誌」。這項肯定，讓社內同仁精神為之一振，對「發揚中華文化、普及文史知識、輔助國文教學」的創刊宗旨和目標，更為堅定且看到希望。

　　近年來由於大環境的改變，社會風氣、經濟結構、教育政策、國家發展目標等，都與過去有所不同。在出生率下降，知識分子西進大陸，教育政策搖擺的影響下，臺灣閱讀人口大幅流失。不僅一般讀者對中華傳統文化失去興趣，就連推廣國文教學發展的教師，也降低了追求的熱誠。加上科技日

新月異,獲取知識的管道變得多元且多采多姿。願意購買高品質、好品味、有深度文化雜誌的讀者,逐漸減少。許多推廣傳統文化的優良雜誌,在這波浪潮下,逐漸吹熄了燈號。在這種共同的環境下,我們同感經營上的辛苦,因此我們致力於銷售管道的推展,以及雜誌品質的提昇。支持我們的,就是對傳統文化的熱誠與愛好。因此,本年度再次獲得睽違一年的「優良雜誌」肯定,著實是十分興奮的。

回顧二〇一一年,《國文天地》雜誌為讀者規畫了十二個專輯,分別為:「辭彙與修辭」、「現有文史哲電子資料庫的利用與檢討(三)」、「現有文史哲電子資料庫的利用與檢討(四)」、「明清旅遊文學」、「從《網站奇緣》看兒童文學創作」、「東亞端午文化」、「東亞民俗文化」、「極短篇寫作與教學」、「臺灣文化批判」、「臺灣文學與我」、「大陸學人采風」、「重視中華文化基本教材」,這十二個專輯,涵蓋了傳統國學、古典文學、現代文學、修辭辭章學、民俗學、文化學、文獻學⋯⋯等學科,涉及範圍不限於中國更包含臺灣及東亞,努力地從世界觀的角度,落實發揚中華文化的精神。同時,為了讓每期的雜誌更多元、更豐富,我們規劃了六個特輯,分別為「傳統出版與實體書店所面臨的存活壓力」、「慶祝黃錦鋐教授九秩嵩壽」、「青春不留白:名家少年小說評論」、「丁亞傑教授紀念特輯」、「圖書出版經營理論與實務:萬卷樓暑期實習特輯」、「民國以來近古人物傳記專書介

紹」，內容包含出版議題、學人行誼、小說評論以及主題研究的書籍介紹，更報導萬卷樓與雜誌社共同舉辦的「圖書出版實習活動」，二〇一二年，我們仍將堅持我們的理念，並規畫豐富的主題與精彩的特輯，來滿足各位讀者的需求。

在專欄方面，二〇一一年所新開闢的專欄有：「名家博客」、「詩文叢稿」以及「電子資源」的專欄。「名家博客」專欄的設計，主要是採漫談的方式，讓老師們闡述治學經驗、學說理念、學界觀察、意見發表、問題批判等內容。透過該專欄的設計，讓本刊在不脫離宗旨的前提下，創造多元的話題性，引起讀者的注意，讓更多人喜歡。本刊從六月開始，請王大智老師撰稿，到年底已有六篇文章，篇篇精彩可讀。本期開始，本刊特別邀請了兩位作者，一位是前中央研究院研究員宋光宇老師、一位是臺灣師範大學退休教授陳滿銘老師，為各位讀者帶來更多精彩的人文饗宴。「電子資源」專欄，是本刊「現有文史哲電子資料庫的利用與檢討」（一）到（四）次專輯的延伸，採不定期刊登的方式，向各位讀者介紹最新的電子資源。「詩文叢稿」是本刊所作的一項新嘗試，二〇一一年刊登期數不多。本期開始，改以全新的面貌呈現給讀者，本刊推出「布克 BOOK」專欄。本專欄為「詩文叢稿」的延伸，專欄主題不作設限，但專欄所刊登文章，都是系統性連載的內容，令人期待。本期開始，我們邀請二位作者撰稿連載，一位是前世新大學、玄奘大學校長

張凱元教授，一位是讀者已經熟悉的王大智老師。張教授出身於屏東眷村，苦心向學後，留學美國，歸國服務，一直到擔任大學校長退休。曾著有《儒林俠影》一書，並於中廣「每日一書」節目中接受訪談。本專欄將陸續刊登張教授的新作《論語密碼》中的精彩內容。王老師是藝文界的老人，但卻是新秀，這種對立面的和諧統一，十分有趣。本專欄將陸續刊登王老師的小說作品，與讀者分享。這兩篇連載的內容，創新而有趣，或許會給學術界、藝文界帶來新的議題。在中立、客觀的學術態度下，請各位拭目以待。

在本刊的版面設計方面，二〇一一年本刊採用統一版型的方式，使版面清爽。二〇一二年開始，本刊對每期專輯、特輯、「布克 BOOK」專欄，嘗試採用不同的版型，仍維持清新的版面設計，並突顯專欄特色，使本刊更加活潑、生動。

封面設計部分，依照慣例，在每年度開始的第一期，《國文天地》總是會換件新衣裳。今年《國文天地》的封面，採用了不同的設計思維和風格，在承繼傳統的意象上，透過簡單線條的勾勒，襯托出封面的設計感。並且採用色塊的形式，突顯本期專輯主題。對於本年度的新封面，您是否喜歡呢？請翻開下一頁，享受本刊為您帶來的優質內容。並請您繼續支持《國文天地》雜誌。

　　——原刊於《國文天地》第 27 卷第 8 期（2012 年 1 月），頁 4-5。

走出滄桑，堅持理想

——回顧簡體字書進口歷程

梁錦興
萬卷樓圖書公司、國文天地雜誌社總經理

　　從一九九〇年六月二十四日，萬卷樓圖書公司創辦人林慶彰博士帶著籌措來的資金到大陸採購圖書開始，開啟了簡體字書進口臺灣的大門。對當時臺灣社會來說，這是一項創舉，也是一個義無反顧的行動。不僅開啟簡體字書進口臺灣的滄桑路，也掛起萬卷樓圖書公司的招牌。回顧簡體字書進口臺灣的歷史，就是回顧萬卷樓圖書公司的歷史。

一　九千多包圖書，挑戰當局政策

　　首批進口的簡體字書，是林慶彰博士從北京到上海，再到南京，一路採購下來的。當時共採購了九千多包簡體字書。當這批書運抵臺北市金山南路郵局時，一路從地板堆到天花板，填滿了郵局倉庫。在當時產生極大的注意，也震驚長期在戒嚴時期的臺灣社會，挑戰長年施行的大陸出版品管制政策，引起執政當局的關切。

二 臺灣漢學界的困境與掙扎

漢學研究需要大量的資料，當年臺灣漢學界在長期的戒嚴管制下，缺乏豐富且完整的資料做參考。使得臺灣漢學的研究成果，逐漸受到國際漢學界的漠視與邊緣化。而中國則是在文獻學、經學、文字學、思想史、社會史、經濟史、近代史、考古學、語言學、現代文學等研究，有了相當的成果與進步。臺灣漢學界在這樣的困境下，提倡開放中國學術資料的呼聲逐漸高漲。

當時要取得簡體字書，往往必須採取「偷渡」方式。有些人透過出國旅遊的機會夾帶回臺，有些人委託國外友人代為採購。學者們為了取得較多的學術資源，往往竭盡腦汁，無所不用其極。因此，在學者們追求學術自由、發展的用心與面對政府不合時宜政策的限制下，透過萬卷樓進口簡體字書，邁出了挑戰政策的第一步。

一九八八年六月，《國文天地》做了「突破大陸學術資料流通的禁忌」專輯。邀請當時各研究領域學有專精的學者、專家及研究生，就他們實際的治學經驗來談中國學術資料引進臺灣的重要性；同時對行政院新聞局「出版品進出口管理和輔導要點」做了深入的討論，提出該辦法許多不合宜之處。該期雜誌為簡體字書進口事宜提供深入且具體的建議，對政府放寬簡體字書進口的限制做了強而有力的催化。

三 從供不應求，到供過於求

在解嚴之後，臺灣經歷了一連串的民主改革。隨著時代改變，政府當局對於簡體字書進口的限制已不若往昔嚴苛。在二〇〇三年時，簡體字書專賣書店如雨後春筍般地開設，群聚於臺大公館商圈、師大商圈。由於眾多競爭者加入，加上經營者並未針對簡體字書的內容與銷售的對象做出市場區隔。導致各家業者進口產品的同質性高，造成簡體字書銷售市場陷於削價競爭的惡性循環。因此，簡體字書專賣店在一陣喧鬧的榮景後，隨即興起一股倒閉潮。但已經被破壞的市場，卻很難因為倒閉潮，而有所改善。

四 現行簡體字書進口規則的產生

由於簡體字書進口市場削價競爭的白熱化，政府當局開始注意簡體字書的進口行為。在保護臺灣出版產業的前提下，行政院新聞局訂定「大陸地區出版品在臺銷售許可辦法」，於二〇〇三年七月，正式開放簡體字書進口。

雖然政府正式開放簡體字書進口，但依據新聞局所訂定的「辦法」，每本進口的簡體字書須提供中國出版社所出具的著作權證明，且應屬「大專學術用書」，由大學押印關防作為認證。此外，進口簡體字書必須逐本加收審查規費。

辦法公布當時,輿論譁然,引起簡體字書進口業者相當大的反彈。因為大學並無義務為出版商背書,同時認證亦缺乏審查機制,導致規定形同虛設。由於條文定義模糊,規範脫離現實,加上侵害業者的權益。導致當時「大陸簡體字圖書業界聯誼會」醞釀發動抗議,保護權益。幾經與主管機關當局的溝通協調,終於協商出一套現行的遊戲規則。對業者而言,雖不滿意,但仍勉強接受。

五 堅持理想初衷,創造特色

在當時的環境下,萬卷樓圖書公司的經營面臨相當大的挑戰。倘若隨波逐流,削價競爭,絕對是不符成本。要是堅持高售價,銷售不佳,則是業績下滑。在這種進退維谷的情況下,萬卷樓圖書公司堅持以「為學術研究服務,為文化交流盡心,為知識傳遞盡力」的初衷,並且抱持「發揚中華文化、普及文史知識、輔助國文教學」的宗旨。在艱苦滄桑的環境下,繼續簡體字書進口的業務。同時鎖定文、史、哲文化學術用書為對象,精選最新的研究成果、最優質的學術書籍,引進臺灣,為臺灣社會知識的流通與多元發展提供輔助。再加上建立了有效的圖書銷售流程,使新書、平價書、促銷書,形成一連串的行銷通路。讓圖書能夠物暢其流,降低庫存;讀者能夠各取所需,獲得適合自己的好書。此外,萬卷樓圖書公司更針對讀者研究的需求,了解讀者各自的

研究專長，主動為讀者提供相關的圖書。貼心的服務，使萬卷樓圖書公司逐漸凝聚了一群固定的學術研究客源。終於突破困境，轉虧為盈，業績穩定成長，同時創造出獨一無二的經營特色。

六　為學術研究立心

萬卷樓圖書公司在進口簡體字書之初，是站在為學術研究服務的立場。而臺灣學術界透過簡體字書的引進，獲得大量的研究參考資料。其中有許多資料，皆是當代一時之選。例如：出土文獻的景印本、珍稀古籍刊本的景印、傳世古籍的重新標校、大陸老輩學者重要經典著作、大陸新生代學者最新研究成果等各類型研究資料。對早期戒嚴時代的臺灣學者來說，是開拓了眼界。對現在的研究人員而言，仍是學術研究資料重要的取材的對象。同時，透過對岸最新研究成果的交流，進而展開下一步的學術對話，取得更上層樓的理論和觀點，進而與國際學術研究接軌。對學術界的貢獻，不可說不夠。這也是萬卷樓圖書公司所秉持的「為學術研究立心」的出發點和理念。

七　為圖書出版業立命

而引進簡體字書，對臺灣出版界並非只有表面上的利

益衝突。透過深層的觀察、分析與思考,我們可以肯定透過簡體字書的進口,對臺灣出版業者產生了競爭作用。臺灣出版業者無不兢兢業業,戮力提高自身出版的實力和水平,力求創新突破,努力在質量上與簡體字書做出區隔。

此外,由於簡體字書進口,在相互交流中,各方均搭起了管道。在臺灣,業者與主管機關透過聯誼會有了溝通,與業者達成了協議。行之多年,相安無事。在對岸,則透過業者與大陸官方的互動,籲請放寬繁體字書進口。更由於引進臺版圖書,開啟兩岸版權交易的市場。由於簡體字書業者的努力,因此臺灣出版業有了大陸市場的新藍海。

萬卷樓圖書公司也經營圖書出版業務,就公司業務的觀察,進口簡體字書部門與出版本版圖書部門的業務,並無衝突。甚至簡體字書的銷售,反而促進本版字書的業績。因此,透過簡體字書的進口業務,提高圖書出版的品質和銷售市場。對萬卷樓圖書公司來說,這是「為圖書出版業立命」的堅持和信念。

有競爭,有合作,才有進步。在這滄桑的十年間,簡體字書的進口市場,可說充滿了波折。透過萬卷樓的經驗與歷程,可以了解其中之甘苦。但我們仍須堅持初衷與理想,在競合間求取進步。臺灣業者亦應放寬心胸,展懷天地,擬定出版的藍海策略,透過兩岸合作,放眼全球市場。臺灣官方亦應採取務實角度,修法補助,促使兩岸圖書交流順暢,注

入圖書出版的新活水。大陸官方亦應多加開放臺版圖書的進口並擴大推廣版權交易活動，使圖書交流市場，產生動力與生機。透過兩岸密切且頻繁的圖書市場交流，才能創造兩岸華文出版事業的新紀元。

  ——原刊於《國文天地》第 26 卷第 6 期（2010 年 11 月），頁 92-94。

傳統出版與實體書店生存所面臨的壓力

梁錦興
萬卷樓圖書公司、國文天地雜誌社總經理

現今多元文化社會中,傳統出版與實體書店不再是文化傳播的主要媒介。一方面是文化傳播從紙本,轉為多樣化。另方面是網際網絡發達,圖書流通管道產生虛擬化,對實體書店造成直接衝擊。除此之外,還面臨著少子化,與閱讀人口外移的困境。

出版界與書店所面臨的困境

目前少子化是全球已開發國家共同的問題,在臺灣尤其嚴重。造成的衝擊,最直接的就是閱讀人口數量的降低。這比閱讀人口比例降低的問題更為嚴重。因為數量降低,即使閱讀人口比例提高,也無濟於事。更遑論閱讀人口比例還是逐年下降的狀況。

閱讀人口比例的下降,原因很多。但近十年間,臺灣閱

讀人口比例下降速度尤其明顯。主要原因在於知識分子西進大陸發展,造成社會中堅分子外移。這群外移的人口,正是當時閱讀人口的主力。這群主力流失後,未能即時補入新血,便造成閱讀人口比例的斷層。

在圖書通路方面,網路書店是實體書店的勁敵。他不用負擔高額店租,只要搭配完善的介面和金流、物流功能,可以和實體書店一樣,甚至做出更高的業績。如果系統功能完善,具備促銷功能,更可提高讀者購書意願。對於書店通路,無疑是一大勁敵。

在文化傳播多樣化上,比較明顯的是電子書的崛起。二〇一〇年,業界稱為電子書元年,由於載具與下載技術的成熟,電子書發展如火如荼展開。雖然短時間內尚未對紙本書造成影響,但就美國電子書發展歷程來看,未來勢必影響到傳統紙本出版,以及書店展售的通路。

此外,由於多媒體技術的發達,紙本圖書對讀者的吸引力,終究難敵多媒體影音的聲、光、樂效果。雖然紙本閱讀有其獨特的魅力所在,但對普羅讀者來說,多媒體更有吸睛效果。因此,部分圖書開始搭配電子書的應用,往多媒體型態發展。這對傳統出版來說,已是現階段必須面對的問題。

在政府與出版社、書店之間

在出版社與書店面臨困境之際，政府所應該扮演的角色，應是協助出版界，開拓新的生機與活路。最好的辦法，是透過稅法、稅則的調整和採購法的修訂，讓利給出版界與書店。

目前在稅法、稅則上，依據「九十九年度營利事業各業所得額同業利潤標準」顯示，在「書籍、雜誌批發」項下的「利潤標準毛利率」為百分之二十三，「書籍、雜誌零售」項下的「利潤標準毛利率」為百分之二十七。這樣的毛利率標準，對出版社與書店的獲利，過於樂觀。查稅時，若依此標準來進行，出版業與書店業者，將繳付與實際獲利不符的大筆稅額。

造成這種情況的原因在於採購法的規定過於僵化。例如：今年臺灣銀行議定共同供應契約時，受不肖業者惡意競標影響，圖書採購折扣成數，定為七折。出版同業之間，圖書的同業採購價，一般行情在六五折到八折之間。書店在與政府採購的交易上，成本是書價的六五折甚至更高，售價卻只能以書價七折販售。其中最多只有百分之五的毛利，有時為了維護信用，而有賠售的情形。因此，在書籍雜誌的銷售利潤上，與「同業利潤標準」所訂的毛利率上，有相當的差距。

加上，在圖書館採購業務方面，各家圖書館聯合採取比價策略，造成書店業者間的價格競爭，造成圖書業界毛利越降越低，連帶影響出版業的發展。在資本主義社會來說，政府採購服膺市場經濟的行為，並無可厚非。但選舉時，從政治人物提倡閱讀，重視出版的口號，來反觀政府機關採購的行為。這些口號竟淪為一種笑話。

出版社與書店間的競與合

　　除了與政府的關係之外，出版社與書店也存在著競合關係。這種關係，從買賣的角度來看，在價格上雙方是對立的，出版社希望書店的採購價，越高越好；書店希望出版社的售價，越低越好。在銷售上，雙方是合作的，出版社需要書店協助推廣產品，書店需要出版社協助提供產品。從書種的角度來看，大眾流行讀物，往往是暢銷書，對出版社來說，是賣方市場，書店需要出版社提供優惠售價供應書籍。專業學術書，往往是冷門書，對出版社來說，是買方市場，出版社需要書店增加採購量，提高書籍曝光的機率。兩者之間的競合關係，其中的平衡點，往往是以合作的人脈做為取捨的標準。如何提高合作的關係，則是出版社與書店之間，需要努力探索與追求的課題。

萬卷樓的因應與建議

　　以萬卷樓圖書公司目前的業務架構來說，既具有書店的身分，也具備出版社的腳色。面對圖書業界的困境上，我們所採取的策略是設法在競合關係中取得平衡。一方面，我們致力於新的圖書市場的開拓，進行圖書出口業務的發展，鼓勵各出版社與書店之間合作開拓出口業務。另一方面，我們對電子書及網路書店所帶來的衝擊，做出因應和準備。除積極參與電子書發展的活動外，更試圖將電子書的銷售管道，向國內外拓展。同時，也利用實體書店與網路書店的虛實整合，試圖創造新的銷售模式。在紙本書的出版上，因應本公司出版取向，我們採取按需印刷的策略，降低庫存壓力，並致力好書出版。期待能夠在困境中，有所突破與成長。

　　——原刊於《國文天地》第 26 卷第 12 期（2011 年 5 月），頁 26-27。

版權交易之創新模式與未來導向

——以學術著作版權交易為例

梁錦興
萬卷樓圖書公司、國文天地雜誌社總經理

張晏瑞
萬卷樓圖書公司、國文天地雜誌社副總編輯兼總經理助理

一 前言

從二〇一〇年十一月十九號由中國人民大學國家版權貿易基地創辦的「國家版權交易網」的成立來看，以「版權」作為商品來販售的概念，已經形成了一種經濟規模，甚至可以說是一種獲利模式。獲利模式對作者而言，是一種智慧財產的保障，對公司來說則是一項業務的開拓。就傳統出版業而言，版權交易網的成立，可說是一種創新的模式，這種創新模式，是否適用於臺灣與大陸之間的出版市場，可以透過目前實際的交易狀況來探討。本文即透過萬卷樓圖書公司在版權交易的實際經驗，來看版權交易的創新模式與未來。

二 萬卷樓版權交易業務

萬卷樓圖書公司成立於一九九〇年，由現任中央研究院研究員林慶彰先生所創立，營業至今已二十餘年，是臺灣最早進口大陸圖書的公司。除了進口大陸圖書外，萬卷樓圖書公司亦經營出版業務，出版方向為文史哲類的通俗、教學、學術書為主。除此之外，還出版《國文天地》雜誌，《國文天地》雜誌於一九八五年由正中書局創刊，一九八八年改組，一九九〇年萬卷樓成立後，合併經營，為兩岸文化事業的交流而努力。公司創立的精神是以「發揚中華文化，普及文史知識，輔助國文教學」為宗旨。現在活躍於北京的龔鵬程教授，在兩岸學術界享有盛名的林慶彰教授，都曾擔任公司的領導人物。目前由陳滿銘教授擔任董事長，梁錦興先生擔任總經理，領導萬卷樓持續發展。

萬卷樓在兩岸出版交流上，有許多領先的地方，除了是第一家進口大陸圖書的公司之外，也是早期引進大陸版權的公司。例如：《中國古典文學基本知識叢書》七十冊，就是林慶彰教授擔任公司社長時，從大陸引進版權到臺灣出版的。此外，並請大陸作家撰稿，稿件完成後，在臺灣出版。目前萬卷樓書目中，還有不少是大陸作者或版權引進的著作。引進版權的業務，後來並未持續。目前萬卷樓在版權交易業務上，以輸出版權為主，並且代理文史哲學術書的版

權。同時,也作為大陸出版社在臺灣的媒介,負責中介、聯絡等相關事宜。

三 版權交易的問題與困境

萬卷樓在版權交易的業務上,雖然起步得早,但當時是以引進版權為主,且後來並沒有持續。真正開始進行版權交易業務,輸出版權,是從二〇一〇年開始,大約有一年的時間。在這段時間當中,我們成功地完成幾個案子,但也從中發掘版權交易的問題與困境。

(一)簽約快速,程序緩慢

在版權交易的過程中,大陸出版社向臺灣出版社要求輸出版權,簽約是很快速的,但落實到實際的出版程序,甚至付款,都是極為緩慢的過程。可能的原因在於「版權」是單一庫存的產品,售完即無。因此,大陸出版社搶購「版權」無不爭先恐後。一但雙方有意,即可簽約,簽約後「版權」就無法再銷售他人了,後面出版的過程,就變得極為緩慢。這種情形,我們戲稱如同一位美女有眾多男性追求,人人無不爭先恐後。一旦訂了婚,競爭者的希望就落空了,接下來的結婚、生子,慢慢來也沒有關係。這種情形,在商業的流程來說,並非樂事。一筆交易,遲遲無法結案,對業務而言,耗費的時間、人力成本,遠大於獲利。

（二）人事調動影響出版

在我們的經驗當中，除了出版程序緩慢之外，還有因人事調動，影響出版計畫的案例。原先的業務承辦人簽署的合約，一經人事調動，業務竟沒有承接下去，甚至就此中斷。這種情形，對於組織間的互動，是不良的。對版權交易的程序來說，也投下了變數。

（三）編輯時程漫長

在工業生產的流程來說，產品的生產時間越短越好。圖書編輯出版就像工廠生產線，產能越高，對公司而言是越好。目前，就萬卷樓學術書出版的時程來看，平均編輯出版時間是二個月，全力進行編輯程序，可以壓縮到二十天，就完成一本書的出版。在我們的實務經驗中，曾遇到編輯時間拖了近半年，還在稿件整理的階段，編輯的效率不彰，也是版權交易的變因。

（四）實際版稅回收困難，預估定價未能反映市場

在版權交易中，版稅的計算方式為「定價×印量×版稅率」。在簽約時，有所謂的簽約金，計算方式是「預估定價×印量×版稅率／2」。版稅的結算方式，往往是採銷售結，每年結算。每年銷售量的版稅結算，是否能夠落實？我想有其困難，即便銷售方希望追究版稅，也無從著手。

因此，在版權交易的過程中，往往簽約金的交付，是銷售方獲利的來源。既然是銷售方的獲利，自然成為採購方的成本。銷售方當然渴望提高獲利，採購方無不希望降低成本。在這樣的邏輯下，「印量」、「版稅率」是固定的，而「預估定價」則產生了調整的空間。預估定價高，則銷售方獲利；預估定價低，則採購方獲利。高、低之間的衡量，我們尊重採購方對當地圖書銷售市場的專業判斷。但在我們的經驗中，就有發生著作在簽約前後，預估定價落差近三十元人民幣的狀況。雙方之間的互信，在交易過程中，就產生了變數。

四 版權交易的創新概念

基於上述在版權交易中所遇到的困境，對於版權交易的創新思考來說，個人認為目前創新概念的提出，應該先解決問題，再求進一步的突破。對於上述困境的解決方案，我們試擬如下辦法，或許可以解決當前問題。

（一）訂定履約時間

在版權交易合約中，應明確訂立履約時間。在履約時間內，若未能出版交易著作，則應重新開放版權，並沒收簽約金。透過履約時間的訂定，明確約束雙方在出版流程、編輯時程上的掌控，加快交易圖書的出版，以及版權交易業務的完成。

（二）簽約時立即交付全額版稅

除履約時間的協定外，簽約時立即交付全額版稅，亦是解決方法之一。同時，全額版稅的交付，能夠解決後續每年結算版稅的困難。讓採購方在採購版權時，能以更務實的角度來預估定價，並評估印量、版稅率。銷售方拿到確實的版稅，一方面交易得以結案，另方面亦免除擔心出版時程，及每年銷售版稅結算的困擾。

（三）建立版權比價平台

在「國家版權交易網」的概念下，增加版權比價功能，可以讓版權，透過網站的展示，進入類似拍賣的比價方式。讓好書版權，能夠獲得其最高的版稅價值。同時，加入版權仲介的的功能，透過版權銷售方、採購方、仲介方，三方面的帳號在系統中操作，讓版權仲介能透過系統，快速推薦版權，並掌握版權交易的進程，讓銷售方和採購方直接產生交易，並提撥報償給版權仲介。透過系統化的操作，讓三方在版權交易市場中，都能獲得較佳的獲利。同時，銷售方只要努力出版好書，並將圖書資訊上網，透過仲介方的媒介，及採購方的競爭，即可開始版權交易的貿易行為。

五　未來版權交易之發展

對國際性的版權交易而言，早已有既定的遊戲規則，版

權社的存在,也確實在交易市場中產生其功用。但就兩岸的版權交易市場來說,尤其是學術書的版權交易,其規則尚屬混亂。

除了版權交易流程中所遇到的困境外,兩岸同文同種,簡體字書進口臺灣,閱讀上不會造成太大困難,現行兩岸圖書貿易,規則也已形成,圖書交流通暢,降低了版權交易的必要性。此外,兩岸交流十分頻繁,大陸出版社對臺灣作者,往往可以直接聯繫,只要作者擁有版權,且版權未受到限制,在大陸出版簡字版,也相當容易,又限制住版權交易的發展。因此,版權交易未來的發展,應該是與作者建立良好關係,取得版權交易代理權。透過代理權的行使,開創版權交易的業務,並創造獲利。

此外,在兩岸的版權交易市場中,由於臺灣市場太小,又有簡體字書進口的管道,加上近年閱讀風氣下降。因此,大陸版權的引進較為困難,但以學術性出版品來說,臺灣的研究風氣極盛,研究成果亦多,大陸讀者取用參考的管道較少,因此在版權的輸出上,有其必要性。應是現在、未來兩岸版權貿易發展的主流,也是我們積極努力的目標。

──原刊於《出版界》第 94・95 期(2012 年 2 月),頁 97-100。

臺灣高學歷人士
是大陸圖書的消費主流

梁錦興
大陸簡體字圖書業界聯誼會會長
臺灣萬卷樓圖書有限公司總經理

　　在切入主題之前,我想向大家報告一下,大陸簡體字圖書進入臺灣的艱辛歷程。大陸簡體字圖書進入臺灣,我想可以分成三個階段:九十年代初之前是大陸圖書進入被完全禁止的時期,基本上簡體字圖書在臺灣被列為禁書。一九九二年後是專案許可限量進入的時期,一九九二年臺灣政府修訂了《兩岸人民關係條例》,增列了三十七條,規定簡體字圖書可以進入參閱,但是不得公開販售只是用於學術研究的需要。但各界的反應比較激烈,所以到二〇〇三年七月八號,主管當局終於頒布了簡體字圖書進入臺灣公開販售的辦法。有了遊戲規則,大家就都可以遵循這個遊戲規則,公開進入簡體字的圖書到臺灣,因此簡體字圖書銷售二〇〇三年以後快速的增長。

　　第二點目前臺灣簡體字圖書進入的概況,據我所瞭解,

以二〇〇四年來說,大陸的出口量就我們的進入量來講,大概一點二億,臺灣實際上簡體字的銷售大概七億到八億臺幣,這個數字佔臺灣的文化產業就是我們的圖書銷售額大概百分之一到百分之一點二。因此我們認為,還是有相當的空間。當然我們是很努力地拓展簡體字圖書的閱讀的人口,但是事實上快速的成長,以我們的看法是不太可能的。

第三點,目前臺灣進口企業大概四十到五十家,銷售簡體字圖書的書店,大概有兩百家到三百家,主要的集中在大臺北區,大概百分之七十,百分之三十左右在東南部,因為很多的大學,政府機構的圖書館,都是集中在臺北,所以說北部的銷售比較多。目前進入的書種來講,基本上我非常同意林董事長講的,所以我就不重複了,簡單來說,以我記錄來講,文史哲大概占進入圖書書種裡面的百分之五十,社科法政軍事占百分之十,教育財經理工占百分之十,中醫藝術大概占百分之十,其他旅遊生活的圖書大概占百分之十,其他類占百分之十,這是我們籠統一點的估算。

第四點我們針對消費主群來作分析,以購買簡體字的主群來講,大概圖書館學術單位百分之三十,我講的是銷售金額,圖書館大概占百分之三十,其他百分之三十 是私人購買的。以年齡層來分,因為臺灣沒有學校教簡體字,而是自己去瞭解的。一般的高中生基本上能夠看懂簡體字,或者是看簡體字的比例不高,一方面學生比較忙,學校的功課

緊，所以說基本上購買簡體字圖書的年齡層大概都是在大學三四年級以後，尤其到研究生碩士生、博士生，所以年齡層比較高。最近由於上海書店成立之後，書種比較適合比較年輕的群體，這個閱讀群年齡有下降的趨勢，所以我們注意簡體字閱讀群在臺灣的成長。以閱讀簡體字的讀者學歷來分，基本上在我們的觀察裡面，大概屬碩士博士以上的學歷大概百分之六十，其他在高中以下的不是說沒有，大概占的比例不是很高，因為簡體字圖書在臺灣來講，最主要還是以學術的研究為主，當然以後可能會變化。

目前臺灣簡體字的市場價格分析，我們就現在的慣例，我們估算還是一塊人民幣等於四塊臺幣，平均進價是七點五折到八折，加上運輸費、加上關稅等，基本上應該算是一比一，就是一百塊人民幣的書，到臺灣應該賣四百塊新臺幣，我們大批買的時候，中間的折價，正好被關稅等沖抵。

但是庫存怎麼辦？如果說賣不掉，即使允許退貨，但是退貨的成本怎麼算？有些圖書在臺灣已經供過於求，所以有些虧本，但我相信大家總會找到自己的平衡點。

為什麼會出現市場的紊亂？一方面是臺灣的出版商想要攻占這個市場，認為這個市場很有發展空間，我相信從好的方面來講，是值得鼓勵，但是有些書店對書沒有瞭解，大量的進書造成書拿來賣不出去，但是退貨又麻煩，所以造成價錢虧本銷售。第二是出版社也要負一些的責任，有一些業

務員為了達成指標,尤其快到年底的時候,大量發貨,不管你喜歡不喜歡,你適合不適合賣這種書,所以造成了臺灣供過於求,很快就庫存滿天飛,正常的市場就亂了。

目前臺灣的市場,雖然不是很大,但是肯定有成長的空間。另外我們盼望,最好是降低關稅,讓臺灣的繁體字書能夠大量地到大陸來銷售,這樣可以減少臺灣出版業界的疑慮,因為他們認為我們簡體字進太多,壓縮了他們的市場,影響了他們的生計,如果我們換個角度來說,我們也儘量開放大陸市場,讓臺灣的書儘量能夠到大陸銷售,這樣就造成了雙贏的立場,我相信通過兩岸出版界合作,對兩岸文化的事業將有比現在更快速的成長。

——原刊於《中國出版傳媒商報》,2005 年 8 月 12 日。

下編　出版薪傳

歷盡千帆後,歸來仍少年

梁錦興
萬卷樓圖書公司總經理

萬卷樓舉辦實習活動,已經有十年的時間,即使這兩三年間,面臨新冠疫情的衝擊,萬卷樓的實習活動,也從未間斷。辦理實習活動,對我來說,已經是一種作為出版人回饋學校與社會的責任與榮譽。

我今年已經八十歲了,從學校畢業以後,進入中央銀行外匯局任職,並歷任華僑銀行,以及多所大學教職。後來,自己經營企業,曾經開過建設公司、罐頭工廠、貿易公司,

是較早出口臺灣水果與金門白嶺土的貿易商。也曾經營過陶瓷工廠、企管顧問⋯⋯等職務,並曾擔任文化大學董事。一九九七年,在萬卷樓董事會的邀請下,我接手了萬卷樓圖書公司與國文天地雜誌社的經營工作,迄今已經二十五年。初期,我推動簡體字書進口流程法制化,因此成為簡體字書進口聯誼會創會會長;後來,我出口臺灣圖書到海外,讓臺灣圖書走出去,因此獲選為圖書出版事業協會副理事長。回首我畢生的經歷,與做過的工作,最讓我感到自豪

的,不是叱吒風雲的商場生活,而是在一片困境當中,逆勢操作,苦心經營萬卷樓的穩健與踏實。

回想,我就讀屏東中學時,與前世新大學、玄奘大學校長張凱元先生同學,我們一起創辦了校刊《屏中青年》。那時他當總編輯,我當社長;後來我當總編輯,他當社長。我們正值青春年少,不讀書,憑著自己的興趣,去體驗人生,和探索未來,就像是現在的「文青」一樣。後來,考上大學後,大家因為就讀的科系不同,各自走上不同的道路。我也就中斷了寫作、編輯的興趣。經過了商學院的訓練,在我的生涯規劃中,已經沒有出版產業這個選項。沒想到,後來竟會到萬卷樓工作。當時,在萬卷樓董事會的力邀下,我拗不過,只得應允。但二十五年過去,我發現我還是當年的「文青」,對於出版工作,充滿熱誠和興趣。天天期待著有新書的出版,有訂單的完成。這樣的心情,就像「歷盡千帆後,歸來仍少年」的感覺。

萬卷樓舉辦實習活動,從一開始十餘人,逐漸擴展至數十人。意味同學對「圖書」、「出版」這個行業,仍抱持著相當的好奇與熱忱。萬卷樓以發揚中華文化,普及文史知識,輔助國文教學為成立宗旨,以大專以上的文史哲學術書、教科書為出版方向。與學校的關係,相當密切。為了讓同學能夠在出校門之前,就具備進入出版產業的就業能力。我們很樂意,並且期盼能夠引領更多對書籍出版懷抱興趣的同學,

有志一同，薪火相傳。因此，總編輯張晏瑞老師能夠應聘到臺師大開設「出版實務產業實習」課程，我很欣慰，也很支持，更歡迎同學到萬卷樓來實習。去年因為疫情的緣故，各位到萬卷樓參與實習的形式不同。但張老師盡心盡力安排的實習工作，相信還是能夠讓同學們拓展出版產業的知識與眼界。

當張老師拿著同學們上課的心得，找我討論集結成冊出版的事情。我當下即表示贊成！我從同學們的稿件中，能看到大家從最初對出版業的懵懂、好奇，逐漸轉變為一股勇於嘗試的熱情，並且能夠借鑒萬卷樓的經驗，提出新時代出版人應該具備的觀念和想法！這就是我們舉辦實習，最希望看到的結果。

張老師請我為這本書寫〈序〉，我看到書名，有種「初生之犢不畏虎」的青春氣息。不論未來大家是否從事出版產業，我想藉此機會，祝福大家，也能跟我一樣，進入職場，歷盡千帆後，歸來仍少年。

梁錦興

二〇二二年七月十五日誌於萬卷樓

—— 原刊於賴貴三、張晏瑞總策畫，曾韻、劉芸主編：《不畏虎——打虎般的編輯之旅》（臺北市：萬卷樓圖書公司，2022年7月），頁VII-IX。

樂觀、努力、熱情

梁錦興
萬卷樓圖書公司總經理

萬卷樓舉辦實習活動，對我來說是一種出版人回饋學校與社會的責任與榮譽。今年，我收到實習同學的來信，要我為本書寫一篇序文，我感到特別高興。

當我看到實習同學的心得中，有不少對於未來畢業後的職涯發展，充滿期待與緊張。希望藉由實習機會，探索自己未來人生時，不禁回想起，過去的自己，也曾經歷過這樣的年少歲月。

我是客家人，在屏東麟洛出生，祖籍廣東梅縣，在困苦的屏東鄉下長大。高中就讀屏東中學，從東吳大學經濟系畢業後，再到中國文化大學經濟研究所攻讀碩士學位。碩士畢業，便進入中央銀行任職，成為中央銀行在臺復行招收的第一批人員，我們稱之為「黃埔一期」。當時，我在外匯局擔任領組，並於多所大學兼任教職，講授貨幣銀行學……等課程，既有公職身份，也具備副教授的資格。

當時正逢臺灣經濟起飛，周邊的機會很多。我便離開公職，轉任華僑信託證券部經理。之後，又自行創業，成為椰林建設等多家企業之企業主。在三十歲前，我已經資產上億，是六間公司的董事長。當時正逢中國文化大學草創時期，也獲得中國文化大學創辦人張其昀先生的青睞，邀請擔任中國文化大學董事職務。後來，隨著人生境遇的發展，我也開過罐頭工廠、經營過化工原料、成立貿易公司，是較早出口臺灣蔬菜、水果與金門白嶺土的貿易商。也是最早西進大陸發展的臺灣商，擔任過海產加工廠、瓷磚工廠的總經理、企管顧問……等職務。

　　一九九七年在萬卷樓董事會的邀請下，我接手了萬卷樓圖書公司與國文天地雜誌社的經營工作，迄今已經二十六年。在推動簡體字書進口流程法制化的過程中，我成為大陸簡體字圖書進口業聯誼會創會會長；在推動兩岸出版文化交流工作上，我是海峽兩岸圖書交易會的發起人之一。在出版行業中，曾任：臺北市出版商業同業公會監事主席，臺灣圖書出版事業協會副理事長、常務理事，兩岸出版品與物流協會顧問。此外，我也兼任了中華民國章法學會顧問、中華文化教育學會顧問……等職務，參與學術社團的運作。

　　回首我畢生的經歷，與做過的工作，最讓我感到自豪的，不是叱吒風雲的商場生活，而是在一片困境當中，逆勢操作，苦心經營萬卷樓的穩健與踏實。

樂觀、努力、熱情

　　我的職涯歷程,已經超過五十年了。現在回想起來,有時候像夢一樣,有點不真實;但卻又歷歷在目,恍如昨日。在這五十年的生涯中,有過輝煌的時候,也曾遭遇好幾次的挫折。這些挫折,往往是令人難以想像的。書中撰稿的每一位同學,都是頂尖優秀的好學生。對未來的想像中,充滿著美好與期待。當我們在期許自己鵬程萬里的時候,有誰會思考,如果千金散盡之後,要如何東山再起?

　　看到這本書的主標題,是「航向文字海」。面對未來的每一位同學,要乘風破浪,勇往直前。因此,藉由撰寫序文的機會,跟同學分享我的職場心得。第一,無論未來發生什麼事,一定要永遠保持著「樂觀」的心情來面對。人生中,沒有什麼過不去的坎,也沒有解不開的結。只要我們保持著樂觀的態度,勇敢面對,終究能夠雨過天晴。第二,要「努力」面對你的工作,不管什麼樣子的工作,都要保持著「順勢而為」、「逆勢操作」的方式,認真投入在工作上,一定可以克服困難。第三,要保持對工作的「熱情」,唯有對工作保有熱情,你才能持續地努力下去。這也就是找到自己喜歡的工作,適合自己的工作的重要性。某些工作,比較穩定,某些工作,薪水較高。但如果這些工作,不適合你,那也很難維持工作的熱情,長期地做下去。

　　萬卷樓舉辦實習活動,參與的同學,意味著對「圖書」、「出版」這個行業,仍抱持著相當的好奇與熱忱。為了讓同

學能夠先了解自己適不適合這個行業；在出校門前，就具備進入出版產業的就業能力。我們很樂意，並且期盼能夠引領更多對書籍出版懷抱興趣的同學，有志一同，薪火相傳。

總編輯張晏瑞老師應聘到臺師大開設「出版實務產業實習」課程，今年已經是第二年。我很欣慰，也很支持，更歡迎同學到萬卷樓來實習。期待同學在實習之後，能夠喜歡出版這個工作，加入出版產業。藉由對出版業的的懵懂、好奇，逐漸轉變為一股勇於嘗試的熱情，並且借鑒實習的經驗，提出新時代出版人應該具備的觀念和想法！

請我為這本書寫〈序〉的同學，已經是萬卷樓的儲備人員。看到他拿來這本課程成果專書——《航向文字海：新世代編輯見習手札》，書中看到大家對未來的發展，充滿著探索的精神，與工作的熱情。不禁回想起自己過去的工作經驗，權做序文，與各位同學分享。也祝福各位同學，能夠永遠「樂觀、努力、熱情」的面對工作，並且鴻圖大展。

梁錦興

二〇二三年五月八日誌於萬卷樓

——原刊於李志宏、張晏瑞總策畫，林婉菁、林涵瑋、林彥銘主編：《航向文字海：新世代編輯見習手札》（臺北市：萬卷樓圖書公司，2023 年 5 月），頁 V-VIII。

找到工作中的興趣

梁錦興
萬卷樓圖書公司總經理

　　萬卷樓舉辦實習活動，已經有多年的歷史。每年看著實習生在萬卷樓成長，總感到無比欣喜。

　　本公司總編輯兼業務部副總經理張晏瑞老師，支援國立臺灣師範大學國文學系的「出版實務產業實習課程」擔任授課講師，並且協助實習規劃，已經多年。為了配合該課程的實習要求，我請同仁務必要做好妥善的規劃，讓同學們在實習期間，能夠對出版產業有所認識。不要只是工作，也要讓同學從工作中學習，反映課程成果，並且把學習的技能，反饋到工作上，達到「學以致用」的目的，最後要讓大家有帶得走的成果。這是我經營企業，對回饋社會的一種責任。所幸，同仁都能理解我的想法，並付諸實行。

　　今年的課程，安排了學術出版社的採訪活動，我也在受訪者之列。同學來訪時，我分享了許多個人的人生經歷與想法。看著同學們專注的筆記，我不禁思考，這些話對這群初出茅廬的學生來說，他們能夠聽進多少？體會多少？不論

如何,總是一種經驗分享,能否有所收穫,就當是緣分吧!

在眾多話語中,我希望同學們能夠銘記在心的,是對工作的態度。實習是在學期間,提早接觸社會,接觸職場,探索自己生涯規劃的最好機會。不論選擇哪一種行業實習,做任何一種工作,我相信都會跟原本接觸之前的想像不同。「理想很豐滿,現實很骨感。」面對現實的工作,如果一開始說抱持著排斥的心態,那就很難產生興趣。沒有興趣,工作起來自然索然無味,也就很難以做出成績。

我建議同學,對於實習所交代的工作,先有參與感,不要一開始就排斥,要盡量試著從工作中找到興趣。有興趣的話,可以繼續深入學習,試著在這個行業中,發光發熱;如果實在不喜歡,就趕緊轉換跑道,不要浪費時間!人生的道路很長,扣除求學和養老,至少得工作個四十年吧。如果對所做的工作提不起興趣,那怎麼會有好表現?做自己不喜歡的工作,即使是鐵飯碗、金飯碗,端著這碗四十年,肯定也是一種折磨。所以,透過實習,學習找出工作的樂趣,找到喜歡的工作,我想應該是參與實習活動最大的意義和收穫。人生的境遇很難說,期待大家有好的職涯發展!

總編輯邀請我為今年的實習成果書撰寫序文。雖然很多話,都是老生常談。但總是多年來生活與工作的經驗,希遙能夠將給同學們一點幫助。特此誌之,謹為之序。

——原刊於李志宏、張晏瑞總策畫,唐梓恩、黃筠軒主編:《拉一根線,穿織兩代稿事——學術出版人的來路與去路》(臺北市:萬卷樓圖書公司,2024年6月),頁 XXVII-XXVIII。

《菜鳥先飛：出版實習新體驗》序

梁錦興
萬卷樓圖書公司、國文天地雜誌社總經理

　　今天，助理通知我辦公室有訪客。我原以為是同業或客戶，見了面以後，發現是之前在萬卷樓參加暑期實習活動的同學。他們告訴我，萬卷樓的實習活動結束後，在編輯部的指導下，同學們編了一本暑期實習心得的小冊子，現在已經編好，要我寫序。

　　萬卷樓圖書出版經營理論與實務暑期實習活動辦到現在，已經是第三屆。更早之前，這是一個「無心插柳，柳成蔭」的案子。萬卷樓經營向來是以圖書館採購通路為主，跟學校合作，接觸的都是學校中的老師、同學。有時候同學們想要打工，或是實習，就會透過老師的安排聯繫，到萬卷樓來。同仁們也都習以為常，十分歡迎。

　　後來，來實習的同學多了，我想如果單純只是來參與公司內部的工作，做的也是小螺絲釘的工作，收穫應該有限。

既然我們在業界，有充分的人脈和資源，何不請一些業界的高階主管來跟同學們上課，讓同學們可以更了解出版產業的內容，同學更可以學習這些業界高階主管的工作經驗。在這樣的想法底下，我請助理作了一個企劃，舉辦一個為期三天的演講與參訪課程，課程之後再到萬卷樓實習，參與實際的工作。

企劃作出來以後，我邀請了出版界裡面的幾位好朋友，如：花木蘭出版社總編輯杜潔祥先生、遠流出版行銷總監鄭明禮先生、華藝數位股份有限公司副總經理陳建安先生、百通科技股份有限公司產品經理黃大中先生……等，到萬卷樓舉辦兩小時的講座，針對他們的專長與經驗，跟同學們作分享。同時，也請中貿分色製版印刷事業股份有限公司廖鴻輝董事長、孫立得總經理協助，分別安排了製版廠、印刷廠、裝訂廠、燙金工廠的參訪行程。廖董事長還特別開了一個講座，幫同學們講解傳統印刷的製程與作業方式。這樣的課程安排，包含了整個圖書出版業的編輯與營銷的各個層面，應該是完整了。這個課程，也就成為「萬卷樓圖書出版經營理論與實務」課程的雛形。

這個活動開始正式實行之後，頗受好評。在公司實習的同學，與公司同仁感情都很好。實習結束後，我們針對幾位應屆畢業的同學，幫他們作了推薦。他們也都順利的找到工作，也有幾位同學就留在萬卷樓任職。也因為如此，第二年

報名時,一下子來了大量的同學,實在超過公司的負荷。我們只好改用收費的方式,一方面分攤公司舉辦活動的費用,另方面讓同學更深思熟慮,是否真的對這個產業感興趣。這個方式,也就成為後來這個活動舉辦的一個支柱,也形成了模式。

當時,在活動舉辦之前,我有告訴編輯部,可以把活動作成紀錄。後來,編輯部跟幾位同學合作,一起完成了這本實習心得。我把這個實習活動的過程寫下來,作為這一本書的序,也作為我們策畫這個活動的紀錄。

梁錦興

二〇一三年十一月十五日誌於萬卷樓

——原刊於張晏瑞主編:《菜鳥先飛:出版實習新體驗》(臺北市:萬卷樓圖書公司,2013 年 12 月),頁 1-3。

《萬卷高樓平地起——
我們在出版社實習的日子》序

梁錦興
萬卷樓圖書公司、國文天地雜誌社總經理

二〇一四年度的實習活動心得,在兩位編輯同學的努力下,已經進入尾聲,這兩位編輯同學請我替這本心得寫一篇序文。回想起這兩位編輯同學為了這本書在公司出出入入的認真模樣,不禁覺得這就是萬卷樓的精神呀。

萬卷樓圖書公司籌劃的實習課程舉辦至今,已是第四屆;由第一屆不到十人,到現在的逼近五十人,是我始料未及的事。

萬卷樓因為業務項目關係,本來就跟許多學校老師有密切的互動。早先是由老師單獨推薦學生來公司實習觀摩,而公司也單純的提供一個機會讓學生學習。但沒想到現在已成為具有規模、口碑的研習營。這幾年下來,我們提供學生預先體會出版產業的運作,隨著學生來來去去,看著他們滿載而歸的表情,著實感到欣慰。

今年，這個實習活動，即將邁入第五年。我一直在心裡醞釀著一個計畫：有朝一日我們可以擴大舉辦變成一個兩岸規模的實習交流。透過這樣的規劃，讓臺灣學生到對岸了解中國大陸的出版產業如何運作，這樣對於學生的國際觀也許會更有幫助，畢竟只將視野侷限於臺灣是不夠的。

萬卷樓一直以來對學術交流的支持，始終不遺餘力。除了每年一度的章法學研討會，還參與許多學術研討會。

二〇一五年是萬卷樓的起飛年，公司年初在臺北市立大學舉辦「《福建師範大學文學院百年學術論叢》新書發表會暨贈書儀式」，當天與會學者，皆是學術圈中頗有聲望的學者，活動舉辦非常成功。我認為這是公司與學術圈密切往來所帶來的成果。這樣的成果，可以做為替學生安排與對岸合作交流的基礎。

以往實習課程是由公司安排講師來跟同學上課，未來我們將邀請對岸出版社或是學術圈中有相關經驗的高階主管、學者，來跟學生做分享交流；或者進一步安排學生到大陸的出版集團學習。讓學生們的眼界和視野不限於臺灣的出版社。

當然，這樣的想法並不是一蹴可幾。但我相信學生們的熱情響應，與在公司的學習成果，這樣的機會不是不可能。

今年的實習心得專書即將出版，是一件值得慶賀的事。

期盼本書能夠為這些學生們的努力做了一個完整的紀錄,也為萬卷樓的努力和發展做一紀錄。

梁錦興

二〇一五年二月十一日誌於萬卷樓

——原刊於梁錦興、彭秀惠總策畫,游依玲主編:《萬卷高樓平地起——我們在出版社實習的日子》(臺北市:萬卷樓圖書公司,2015年5月),頁I-IV。

《跨越萬卷的天橋:二〇二一出版社暑期實習回憶錄》序

梁錦興
萬卷樓圖書公司總經理

　　二〇二一年是臺灣受到新冠肺炎影響最嚴重的一年。因為防疫的破口,導致整個疫情突然升溫。萬卷樓舉辦實習活動,已經有十年左右的時間,從未間斷過。面對五月份突如其來地變化,同仁們都有點措手不及。

　　他們來問我:今年的實習,是否要停辦?我考慮到同學們選擇到萬卷樓實習,有的是因為畢業會需要實習學分,有的是因為希望在編輯工作上,有進一步學習的機會。不論原因為何,總是對公司的一種肯定。如果貿然停辦,恐怕會有很多人受到影響。因此,我毅然決然地告訴同仁,只要能夠找到解決的辦法,我們辛苦一點,不要停辦。因此,有了今年的「線上實習」活動。

　　隨著暑假即將結束,實習活動即將邁入尾聲。我告訴總編輯張老師,學生實習,總要有一點帶得走的收穫,作為一

項回顧與紀錄。我雖然沒有直接參與實習活動的進行,但身為公司的領導者,同仁們在做什麼,其實我都了然於胸。同樣的,實習同學做了哪些事情,我也是完全清楚明白的。

因此,總編輯提議,能否讓同學們將暑假期間實習的點滴,撰寫心得,並且集結成冊出版,作為暑假的回憶與收穫。我當下即表示同意!後來總編輯跟我報告,同學們集思廣益後,這本書叫做《跨越萬卷的天橋》,邀請我寫〈序〉時,內心是感到相當欣慰的。

萬卷樓過去已舉辦過數次實習,從一開始的十餘人,逐漸擴展至數十人的參與。意味同學對「圖書」、「出版」這個行業,仍抱持著相當的好奇與熱忱。萬卷樓雖以發揚文化,普及知識,輔助教學為成立宗旨,但也期盼能夠引領更多對書籍出版懷抱興趣的同學,有志一同,薪火相傳。

今年因為疫情的緣故,許多活動都改為線上舉辦,我們也只能如此。雖然舉辦的形式不同,但我們策畫活動的初衷並沒有改變。這段期間,有賴公司同仁的辛勞,為實習同學們解說圖書出版的細節。同時,盡心盡力安排實習事項,讓同學們能夠暫時擺脫學生身分,就近拓展知識與眼界。

從同學們的稿件中,能看到大家從最初對出版業的懵懂、好奇,逐漸轉變為一股勇於嘗試的熱誠!這就是我們舉辦實習,最希望看到的結果。期盼本書的出版,能夠帶給同

學們收穫,也能夠幫同學們在出版產業上,搭起「跨越萬卷的天橋」,留下美好的回憶。

──原刊於梁錦興、張晏瑞總策畫,陳映潔主編:《跨越萬卷的天橋:二○二一出版社暑期實習回憶錄》(臺北市:萬卷樓圖書公司,2021年9月),頁11-12。

《出版業模擬器：跳躍字裡行間》序

梁錦興
萬卷樓圖書公司總經理

今年萬卷樓的暑期實習活動，已經算不清是第幾屆舉辦了。每年暑假，看著實習生來來去去，總有一種光陰似箭之感。每當同仁邀請我做暑期實習始業式的開場白，心中不禁暗想，一年又過去了。

今年到萬卷樓實習的學生，分別來自東華、真理、輔仁、實踐等大學。配合各校實習的要求，我請同仁務必要做好妥善的規劃，讓同學們在暑假期間，能夠對出版產業有所認識。不要只是工作，也要安排課程講解和參訪活動。讓同學從工作中學習，並且把學習的成果，反饋到工作，最後要讓大家有帶得走的成果。這是我經營企業，對回饋社會的一種責任，所幸同仁都能理解我的想法。

今年實習的始業式上，我分享了許多個人的人生經歷與想法。看著大家的眼睛，我不禁思考，這些話對這群初出

茅廬的學生來說，他們能夠聽進多少？體會多少？但總是一種經驗分享，能否有所收穫，就當作是一種緣分吧。

在眾多的話語中，我認為最值得同學們銘記在心的，是對工作的態度。實習是在學期間，提早接觸社會，接觸職場，探索自己生涯規劃的最好機會！不論選擇哪一種行業實習，做任何一種工作，我相信都跟原本參與接觸之前的想像不同。往往「理想很豐滿，現實很骨感。」面對現實的工作，如果一開始就抱持著排斥的心態，那就很難產生興趣。沒有興趣，工作起來自然索然無味，也就難以做出成績。

我建議同學，對於實習所交代的工作，先有參與感，不要一開始就排斥，要盡量試著從工作中找到興趣！有興趣的話，可以繼續挖掘，試著在這個行業中，好好加油；如果實在不喜歡，就趕緊轉換跑道，不要浪費時間！人生的道路很長，扣除求學和養老，至少得工作個四十年吧。如果對所做的工作提不起興趣，那怎麼會有好表現？做自己不喜歡的工作，即使是鐵飯碗、金飯碗，端著這碗四十年，肯定也是一種折磨。所以，透過實習，學習找出工作的樂趣，找到喜歡的工作，我想應該是參與實習活動最大的意義和收穫。人生的境遇很難說，期待大家有好的職涯起步走！

收到同學的邀請，為今年的實習成果書撰寫序文。看著眼前的這群年青人，才剛認識，一轉眼就要離開，真是令人不捨。但萬卷樓舉辦實習活動，協助同學了解出版產業。寸

心原不大,留得許多香!特此誌之,僅為之序。

──原刊於梁錦興、張晏瑞總策畫,劉彥彣、林依臻等主編:《出版業模擬器:跳躍字裡行間》(臺北市:萬卷樓圖書公司,2024年8月),頁IX-X。

附錄　新聞集錦

福建師範大學文學院與《國文天地》雜誌社合作編輯出版簽約儀式紀實

張晏瑞
《國文天地》副總編輯

二〇一八年五月十一日,《國文天地》雜誌社由梁錦興總經理代表,前往福建師範大學文學院,進行《國文天地》雜誌合作編輯出版的簽約儀式。

本次活動,在福建師範大學鄭家建副校長、福建師範大學文學院李建華書記、福建師範大學文學院葉祖淼副院長、福建師範大學文學院虞永飛主任、國文天地雜誌社張晏瑞副總編輯的見證之下,由福建師範大學文學院李小榮院長與《國文天地》雜誌社梁錦興總經理共同簽署了協議,自《國文天地》三十四卷第一期開始,由雙方合組編委會,合作編輯出版。

雙方合組編委會的名單,由福建師範大學文學院與國

文天地雜誌社,各自基於合作優勢,推選相關學者專家,組織《國文天地》雜誌編輯委員會。由陳美雪教授擔任發行人;陳滿銘教授擔任社長兼總編輯;梁錦興先生擔任總經理;林慶彰教授、汪文頂教授擔任總策畫;並邀請余岱宗、呂若涵、車行健、林志強、孫劍秋、郜文倩、許學仁、郭洪雷、陳益源、葉鍵得、葛桂錄、顏智英等專家學者,擔任編輯委員;同時邀請仇小屏、王基倫、王漢民、李小榮、李瑞騰、林文寶、林安梧、姚榮松、孫紹振、郜積意、馬重奇、張春榮、張高評、張善文、許俊雅、許建崑、郭丹、陳慶元、陳澤平、辜也平、馮曉庭、楊晉龍、蒲基維、齊裕焜、潘新和、潘麗珠、蔣秋華、賴瑞雲、戴維揚、譚學純等先生擔任編輯顧問。以《國文天地》雜誌為主體,共同策劃專輯、專欄等事宜,共同拓展兩岸合組編委會的策劃優勢與特色。

本次的合作,是雙方基於長期合作、友好的基礎上,由福建師範大學鄭家建副校長提議,經雙方討論後,共同決定合組編委會,合作編輯出版。在此前,福建師範大學文學院已在《國文天地》雜誌上,策劃過多次的專輯。其中最著名的專輯為《國文天地》總三九〇期「福建師範大學文學院一一〇週年校慶紀念專刊」(2017 年 11 月),這是為福建師範大學文學院一一〇週年校慶而策劃的紀念專刊,也是《國文天地》首次以「專刊」形式,策劃發行的專題,獲得讀者相當好的迴響。還有「福建師範大學文學院書藝作品專欄」,

這是以彩色頁的方式,分期刊登出自福建師範大學文學院的書法名家作品,獲得許多書藝研究方面讀者的喜好,本專欄策劃結束後,作品於萬卷樓圖書公司集結彙整,出版了《猶之惠風:福建師範大學文學院書藝作品集》。另外還有多次分期刊載的「福建師範大學文學院兩岸學術與文學創作專欄」,刊登福建師範大學文學院教師、學生的創作作品,也頗受臺灣讀者喜好,並吸引了臺灣讀者投稿,希望相互觀摩,彼此切磋,促進了兩岸同胞在文學與文化上的交流。

福建師範大文學院李小榮院長與萬卷樓圖書公司梁錦興總經理舉行合作編輯出版簽約儀式

簽約完成合影，左起葉和淼副院長、李小榮院長、李建華書記、梁錦興總經理、張晏瑞副總編輯、虞永飛主任

　　《國文天地》的創刊宗旨是發揚「中華文化、普及文史知識、輔助國文教學」，刊登學術性理論文章為主，提倡學術自由，重視交流討論。一直以來，都以作為兩岸中文學人的共同資產而努力。早在一九八八年，《國文天地》雜誌即與北京《文史知識》合作，共同策劃選題，兩岸同步刊行，可以說是開啟了兩岸文史期刊合作交流的大門。本次經由與福建師範大學文學院的合作，再次開啟了兩岸的合作。除了在內容的策劃上，更加多元與豐富外，在行銷推廣上，更借重福建師範大學文學院在大陸的學術影響力，推廣《國文天地》雜誌，進入到大陸高校的文學院，讓更多讀者，可以看到《國文天地》雜誌精彩的內容。

兩岸同胞，同文同種，有著共同的語言，以及一脈相承的歷史與文化。兩岸的文史學人都各自在自己生活的土地上，一起推動著中華文明的傳承與發展。今天《國文天地》在各方善緣的匯集下，能夠與福建師範大學文學院展開合作，共同經營這個兩岸中文學人的共同資產，相信這個平臺的發展，一定能夠帶給兩岸文史學界更多的交流與美好。

――原刊於《國文天地》第 34 卷第 1 期（2018 年 6 月），頁 13-15。

萬卷書坊・國文天地

——記《國文天地》雜誌榮獲二〇一六年臺灣最具影響力學術資源評選

張晏瑞
國文天地雜誌社副總編輯

緣起

國家圖書館於二〇一七年三月三十一日（星期五）上午舉行「臺灣最具影響力學術資源發布記者會」，會中頒贈「最具影響力人社期刊獎」、「最佳調閱人氣學術期刊獎」、「最佳下載人氣學術期刊獎」、「最佳學術典藏獎」、「最佳學術傳播獎」、「最佳學術曝光獎」、「知識分享獎」、「學術影響力獎」等八大獎項。通過這八個獎項的評選，表揚全國五十七所公私立大學、技職校院及六十四家學術期刊出版單位。《國文天地》雜誌在讀者的查閱支持下，於二〇一六年國家圖書館「臺灣期刊論文索引系統」的全文下載次數最多，獲頒「最佳下載人氣學術期刊獎」第一名。

發佈會紀實

當天的發佈會，共有一一三個期刊出版單位及公私立大學校院，超過一百五十位貴賓共襄盛舉。由臺北市立大學音樂系的現場演奏作為開場，並由教育部黃司長、國家圖書館曾淑賢館長致詞，感謝各界對國家圖書館業務的支持，並說明本次學術資源發佈記者會的目的與重要性。

國家圖書館具備豐富的館藏資源，並以此為基礎，架設「臺灣博碩士論文知識加值系統」、「臺灣人文社會科學引文索引系統」及「臺灣期刊論文索引系統」。本次的活動的評選，就是根據此三大資料庫內的大數據資料，統計出前一年度臺灣最具影響力的學術期刊資源及大學校院。

以「調閱率」和「下載率」的統計角度來評選，臺灣出版的學術期刊中，《臺灣法學雜誌》、《稅務旬刊》、《月旦裁判時報》三種期刊是二〇一六年國家圖書館紙本期刊調閱率最高者，獲頒「最佳調閱人氣學術期刊獎」。另一方面，已通過國家圖書館掃描後，收入「臺灣期刊論文索引系統」的期刊中，《國文天地》、《警學叢刊》、《高雄護理雜誌》三種期刊，二〇一六年在國家圖書館統計下，是「全文下載」次數最多的期刊，獲頒「最佳下載人氣學術期刊獎」。

回顧創刊三十二週年

　　本次《國文天地》能夠獲得此獎項，相關成果，端賴三十二年來，默默支持《國文天地》的諸位讀者，以及不計個人報酬，為本刊付出心力的學界先進。

　　《國文天地》在一九八五年六月一日創刊迄今，已三十二週年。原由正中書局發行，後因正中書局業務調整，改由一群以臺灣師範大學國文學系教授為首的十四位中文學人，基於對中華文化的熱愛、關懷國文教學的用心，在一九八八年三月，成立《國文天地》雜誌社，從正中書局手中把《國文天地》業務接手過來。並於一九九〇年八月，轉投資成立萬卷樓圖書股份有限公司。兩家公司的相互支持下，《國文天地》雜誌經營迄今。

　　本刊創刊宗旨為：「發揚中華文化、普及文史知識、輔助國文教學」，創刊三十二年來，歷經臺灣社會以及出版業界的變化。從統編本教科書，到開放一綱多本；從出版業蓬勃發展，到二〇一六年斷頭式業績下滑。《國文天地》雜誌社，是一個單純的民營企業，雜誌出版本已十分辛苦，尤其是文史哲類專業性的學術刊物，經營更為困難。但基於文化使命感仍然每期準時出刊。在努力耕耘下，《國文天地》曾多次入圍，並獲得出版界最高榮譽「金鼎獎」。此外，本刊亦連續多年獲得「優良文學雜誌補助」及「優良雜誌推薦」。

本刊在編務上,歷任的總編輯為:龔鵬程教授、傅武光教授、許錟輝教授、劉渼教授、顏瑞芳教授;現任總編輯為陳滿銘教授。在諸位學者的引導下,本刊除了擔任國文老師的好朋友,提供國文教學相關資訊外;亦廣泛介紹中國文化最精深、優美的部分,以專題方式呈現。同時,作為文、史、哲學界、專家學者互相切磋的舞臺。本刊首任社長林慶彰教授,便期許「使《國文天地》成為兩岸中文學人共同的資產」,期盼本刊不斷追求成長與卓越!

跨越三十二週年

　　在時代的脈動和變遷下,本刊創刊時的初衷「發揚中華文化、普及文史知識、輔助國文教學」,仍然禁得起時代的考驗。為了更近一步地貼近時代,與學人產生更多的連結,本刊在「每期專題」的策劃上,採取更開放的角度,廣泛研究領域策劃各種的專題。此外,更在「專題」外,增設「特輯」,形成雙主題的規劃,使每月一期的月刊,能夠承載更多的主題,內容更加豐富。

　　二○一六年一月到十二月的專輯為:「東南亞碑刻文獻專輯」、「海峽兩岸儒學高峰論壇專輯」、「詼諧文學專輯」、「大道究學問,椰林沐春風:曾永義院士師生情緣專輯」、「雙溪春尚好——東吳大學中國文學系六十周年系慶專輯」、「民國文學研究的觀念、方法與史料專輯」、「楚材晉用

——臺灣文科博士「登陸」甘苦談專輯」、「大學中文系傳媒應用課程專題 一」、「科舉制度在金門專輯」、「蔡宗陽教授紀念專輯」、「六十還周有鳳凰：成功大學中國文學系六十週年系慶專輯」、「淺易章法學專輯」，均獲得廣大迴響，尤其是「東南亞碑刻文獻專輯」及「科舉制度在金門專輯」專輯，反應更是熱烈。

　　二〇一七年一月到四月號專輯為「回顧與展望：國文天地超越三十週年紀念系列專輯」、「春風化雨、桃李芬芳：何廣棪教授七秩晉六祝壽特輯」、「請關注圖書資源南北失衡問題專輯」、「虎爺信仰研究專輯」、「一般風景多元領略：二〇一六兩岸主題式閱讀教學觀課交流專輯」。五月號起，即將刊登的專輯有「真理大學二十週年臺文系慶專輯」、「新亞學報與新亞研究所專輯」、「就讀中文系所的實用性專輯」、「越南漢籍與華人文化專輯」、「臺灣文科博士赴大陸任教經驗談專輯」、「華人視角下的東方學研究專輯」、「中國敘事學研究專輯」、「福建師範大學文學院百十週年校慶特刊」、「萬卷樓與國文天地超越三十週年紀念系列專輯」……等專輯。

　　相關專輯的規劃，包含了漢學、文學、史學、民俗學、藝術學、語文教學、時事脈動、學人研究、系所介紹等相關主題，未來還將繼續開拓新的報導領域，期盼能以豐富的題材，吸引讀者的目光。

展望與期許

　　學術研究的成果,可以用各種不同的方式來呈現,本刊創刊三十二年來,立足於學術,但不走向生硬的學術論文,而是以通俗的文字,發揚文化、介紹國學、分享語文,目的就是希望達到普及推廣的效果。但淺顯的文字,有時未必能夠盡顯學術研究的成果。因此,本刊開闢了「學術論壇」專欄,刊登經過完整雙向匿名審查,符合學術研究、體例的專業性論文。未來還計畫,在「學術論壇」的基礎上,籌設《國文天地(學術版)》,每年出刊兩期,專門接受需要經過審查的專業學術論文,兼顧學術普及與學術深度多方面的呈現。

　　在本次「發布記者會」,會前投遞名片向曾館長致意時,館長立刻說出「本刊在今年二月號『請關注圖書資源南北失衡問題專輯』,可以作為國家圖書館籌設南院的參考」時,當時霎那間心裡的感受,是十分激動的。在與時俱進,多方發展的腳步下,本刊將不斷的努力,持續追求創新與發展。

　　——原刊於《國文天地》第 32 卷第 12 期（2017 年 5 月）,頁 4-6。

榕城文緣・萬卷書香

——《福建師範大學文學院百年學術論叢（第一輯）》新書發表暨贈書儀式紀要

邱詩倫、蔡雅如、張晏瑞
萬卷樓圖書公司編輯部

　　一年之初，兩岸學術交流添一美事。由福建師範大學文學院與萬卷樓圖書公司合作的《福建師範大學文學院百年學術論叢》（第一輯）正式出版。並於二〇一五年一月二十四日下午二時假臺北市立大學公誠樓第二會議廳，與臺北市立大學人文藝術學院、中國語文學系合辦「榕城文緣・萬卷書香：兩岸中國文學研究座談會」，會後由福建師範大學文學院主辦，萬卷樓圖書公司承辦，舉行「新書發表會暨贈書儀式」。當日廣邀學術菁英和文化才俊共襄盛舉，滿室生輝；筆者躬逢其盛，特記會中精彩片段，為此美事予以見證。

榕城文緣・萬卷書香：兩岸中國文學研究座談會

　　本場會議在萬卷樓圖書公司陳滿銘董事長、臺北市立

大學文學院葉鍵得院長，與福建師範大學汪文頂副校長的感恩與期勉聲中開展。並且由葉鍵得院長主持，由四位來自福建師範大學的作者對文本進行導讀，再分別由四位臺灣學者，針對文本進行討論。

中國古典詩詞研究著名學者孫紹振教授，畢生致力於中國文學研究，談到在欣賞文學作品時的多種解讀理論，仍深感困難。不論是現代流行的反應論、表現論，抑或是西方的虛無主義，都無法真正做為解讀文本的良策，因此孫教授主張解讀文本應回到中國文學、詩詞本身，用中國的語言和傳統方式來詮釋，而《月迷津渡——古典詩詞個案微觀分析》一書，就是秉持這般理念創作而成。與之對談的陳滿銘教授相當同意孫教授的觀點，西洋理論不適合直接套用在中國文學作品上，西洋理論應先經過轉化，再讓中國古典理論去做接納。陳教授分析《月迷津渡》內容，首先是微觀的內涵，中間是讀者與作者的交流體驗，最後是宏觀的理論，雖名為「微觀」，但實有「宏觀」的整體照映，著實令人激賞。可見孫教授雖以自己的方式解讀，不願意被理論限制，但卻早已形成更高深的方法論。

撰作《中國古代小說演變史》的齊裕焜教授表示，在魯迅的《中國小說史略》問世後，研究中國古代小說歷史的人多沿襲魯迅按「年代」分期書寫的體例。但在一九九〇年時，《中國古代小說演變史》就以更能體現小說面貌之「題材類

型」為著作體例,是當時的創舉。除此之外,「範圍廣闊」亦是本書的一大特色,作者打破以往小說史只針對少數曠世巨作進行闡述的慣例,改以多方蒐羅同性質的小說,將許多鮮為人知的著作予以收錄,大大增加研究廣度。本書廣泛而不艱深的特點也正適合作為大學生的入門指引。進行對談的是臺北大學王國良教授,對本書於二十五年前即有以「小說文體類型」為主的研究觀點,深感創新,也肯定其對後代的啟發影響。更讚許作者精益求精,已將後來新發現的《型世言》、《姑妄言》相關研究成果,做了更新,收入即將出版的人民文學出版社的書中。讚賞之餘,亦對齊教授提出建言,期能讓本書臻於完善。

姚春樹教授著作的《中國近現代雜文史》是以往日的作品修改而成的,座談會上便將修改過程的心路歷程與大家分享。他認為雜文史的研究,就是文體史的研究,因此鑽研文體時以《文心雕龍》〈序志〉篇之「原始以表末,釋名以章義,選文以定篇,敷理以舉統」作為研究原則。意即研究時從歷史學、辭意學、文選學和審美學四個方面進行綜合論證。面對父執輩的姚教授,臺灣師範大學鍾宗憲主任以臺灣國語文教育現正面臨的問題與以呼應,也感嘆現在教材過於注重作品賞析,忽略了語文的真正價值在於「表達」的實用性;而姚教授在書中卻突顯了雜文的時代呼應與實用意義,對臺灣教育深具啟發。鍾主任建議將來若出增補本,可

關注臺灣一九三七至一九四九年的雜文書寫情形；這段時間是臺灣話文論戰的肇始，伴隨論戰衍生了許多雜文，皆具有研究價值。

汪文頂副校長提及《中國現代散文史》的成書過程，是從先師俞元桂先生談起。俞先生乃本書主編，原本從事古代文論、文學批評研究，在一九五〇年後轉向現代文學領域，將考查古文獻的精神帶入現代散文中，於是特別重視史料的蒐集、梳理文獻的縱橫系統。這也是至今學術界對本書最稱許之處。可以說，俞先生畢生的學術精神都體現在本書的編輯上了。參與討論的成功大學陳益源副主任在閱讀本書後，驚豔於書中觀點的歷久彌新，雖跨越三十年的時空，卻仍能令現今的讀者認同，著實具有跨時代的價值。深究箇中原因，可歸功於本書立基於史料的特性。更期許本書能在同性質著作中獨樹一幟，增添臺灣三、四十年代的資料，朝「富有閩臺特色」的風格前進。

在聆聽四本著作的精彩對談後，福建師範大學文學院為表達各界對本論叢出版的協助，特頒發精美禮品予臺北市立大學、萬卷樓圖書公司，以及百通科技股份有限公司，表示感謝。會議尾聲在全場「促進兩岸交流，弘揚中華文化」的共識中圓滿禮成。

《福建師範大學文學院百年學術論叢(第一輯)》新書發表會暨贈書儀式

二〇一五年一月二十四日下午四時三十分,由福建師範大學文學院主辦,萬卷樓圖書公司承辦的「新書發表會暨贈書儀式」正式開幕。本次活動,受邀前來的與會學者,來自全臺各地的大專院校,分別有臺灣大學、清華大學、成功大學、政治大學、中興大學、臺北大學、臺灣師範大學、世新大學、東吳大學、東華大學、淡江大學、中央研究院中國文哲研究所等系所。此外,還有國家圖書館、中華民國圖書出版事業協會、大龍樹文化傳媒有限公司、花木蘭文化出版社等多所單位,總計有六十多位代表受邀參加,場面相當熱鬧。福建師範大學副校長汪文頂、文學院院長鄭家建先生,更率領多位《論叢》作者,以及文學院中的學者代表來臺,與來自臺灣各系所的精英學者交流。兩岸學者齊聚一堂,相互交流的盛況,十分可貴。

（左）臺北市立大學葉鍵得院長、（中）福建師範大學汪文頂副校長、（右）萬卷樓圖書公司陳滿銘董事長

簽約後鄭家建院長與梁錦興總經理握手換約

本次活動相關重要成員（左起）：
鄭家建、梁錦興、陳滿銘、葉鍵得、汪文頂、李建華

福建師大文學院授予萬卷樓學術文化交流聯絡處招牌

儀式開始後，先由萬卷樓圖書公司董事長陳滿銘教授、福建師範大學副校長汪文頂、福建師範大學文學院院長鄭家建、萬卷樓圖書公司總經理梁錦興先生致辭，分別從萬卷樓與學術出版、福建師範大學文學院學術精品入臺工程，以及出版緣起、出版過程等角度，暢談個人對此次出版工作的感想。其中陳滿銘教授表示，福建師範大學此次以書會友，是兩岸學術交流的一種新嘗試，有助於擴大福建高校在臺灣的學術影響，對深化兩岸學術交流也別具意義。汪副校長則談到，中華文學源遠流長、博大精深，是中華兒女共同創造的思想寶庫和藝術瑰寶，是兩岸共有的文化遺產和精神家園。此次的出版工程，就是為了傳承中華文化傳統，增進兩岸學術交流，推動兩岸學術資源分享，提升中華文學研究水準，弘揚文學優秀傳統。文學院鄭家建院長則表示，透過本叢書的出版，希望加強兩岸學術界的交流與合作，增進相互理解，一齊推進中國文學研究的發展。梁總經理則表示，本次的出版將開啟更多兩岸的交流合作，除了進一步推動第二輯的出版發行工作外，也將同時開展福建師範大學學生文學創作在《國文天地》雜誌刊載，及其他學術出版等計畫。萬卷樓與《國文天地》雜誌作為一個平臺，將扮演更重要的角色。

此外，大會還特別邀請中央研究院中國文哲研究所研究員林慶彰教授與花木蘭文化出版社社長杜潔祥教授，分

別就學術交流與編輯出版的視野,討論本書的影響力。兩位學者無論在學術、出版的價值方面,都予以高度的評價與肯定,極力推薦。

本《論叢》將以福建師範大學文學院的名義,贈送給全臺灣各大專院校文學研究系所、圖書館、學術文化單位及知名學者,總計贈送數量超過七百套。會中分別邀請大學院系代表徐富昌教授、學術界學者代表高柏園教授、臺灣圖書館代表林宜容女士、大陸圖書館代表吳昀希先生,與出版業界代表陳本源先生,作為受贈代表接受贈書。並且由臺灣大學文學院副院長徐富昌教授代表受贈者致辭。徐副院長認為本套書有助於推動福建高校在臺灣的學術聲望,深化兩岸學術文化交流,特別是閩臺二地都具有重要的指標性意義。

贈書儀式完成後,隨即舉行《論叢》(第二輯)出版簽約儀式。由福建師範大學文學院院長鄭家建先生,與萬卷樓圖書公司總經理梁錦興先生共同簽署,並交換合約。

最後,福建師範大學文學院頒授「福建師範大學文學院學術文化交流聯絡處」招牌予萬卷樓圖書公司,正式宣布以萬卷樓圖書公司做為福建師範大學文學院在臺灣的聯絡處,為閩臺間的學術交流與合作,做出更全方位、深入的規劃。

——原刊於《國文天地》第 30 卷第 9 期(2015 年 2 月),頁 10-14。

兩岸圖書合作 我七出版社登陸

沈育如
《聯合報》記者

中國教育圖書進出口公司昨天與臺灣六家出版社簽約,未來將促進兩岸紙本與數位出版品交流合作,這六家出版社的學術出版品,將透過中教圖引進大陸;中教圖也將促進大陸圖書在臺發行。

昨天簽約的臺灣出版社包括遠流出版、元照知識集團、萬卷樓圖書公司、問津堂文化、聯合發行、花木蘭文化出版社等,加上八月已簽約華藝數位,中教圖已和七家臺灣出版社簽約。

中教圖總經理朱洪濤表示,中教圖主要提供大陸學校圖書館、科研單位、公共圖書館以及零星個人用戶圖書。閱讀臺灣出版的書籍,大陸讀者覺得很有親切感,且臺灣文史與科學書籍也很豐富。目前大陸出版品在臺灣的市場規模還小,不過未來在學術、大眾市場有潛力。

兩岸民眾目前對出版品能接受的價格,仍然有一段差

距,朱洪濤說,大陸學術書籍平均成本為人民幣卅五元,臺灣卻高達人民幣一百七十五元,價格相差五倍之多;大陸讀者對於數位圖書,採用「一次付費,永久使用」的買斷方式,也和臺灣讀者逐次付費的習慣不同。

萬卷樓圖書總經理梁錦興認為,未來兩岸圖書定價差距會逐漸拉近,朱洪濤預估需要五到十年。

遠流出版董事長王榮文指出,昨天簽約後,預計將有版權的學術書籍,透過中教圖全面引進大陸,成為在大陸發行的重要管道,而數位資訊將透過 TAO(臺灣學術線上)引入大陸。

──原刊於《聯合報》,2012 年 9 月 13 日,A15 兩岸版。

臺灣簡體書市場
預估每年四到八億臺幣

陳希林
《中國時報》記者

臺灣開放大陸圖書進口已經兩年。業者指出，大陸簡體書籍在臺灣市場有成長潛力。

在臺北經營「上海書店」，專售簡體書的聯經公司負責人林載爵昨天在兩岸圖書交易會高峰論壇上指出，臺灣出版產業年產值約新臺幣五百八十億元，其中大陸進口圖書的數量上不到百分之一。若以香港多年引進簡體字市場的經驗顯示，簡體書占香港書市約百分之五，所以臺灣的簡體書應有成長空間。

在臺灣的簡體書市場有多大？大陸簡體字圖書業界聯誼會理事長梁錦興估計，每年約進口新臺幣八億元。廈門對外圖書交流中心計算，每年經自己手輸入臺灣的簡體書價額達新臺幣一億餘元，該中心又占全中國大陸輸出圖書到臺灣的三分之一，因此入臺簡體書應在四億元左右。

喜歡看簡體書的臺灣人最「哈」哪些大陸圖書？林載爵引用上海書店的統計指出，銷售量前幾名的大陸作品主要為經典文學《全本紅樓夢繪本》、中國歷史文化《江澤民傳》、《正說清朝十二帝》等書。青年口味的大陸圖書也漸漸受到注意。

　　──原刊於《中國時報》，2005 年 7 月 30 日，D8 文化藝術版。

七〇〇億人民幣商機

前進大陸 圖書交流火

對岸臺版書流通率已不低
大陸書在臺則明顯供過於求

陳宛茜
《聯合報》記者

　　來臺參與首屆大陸簡體字圖書展售的近七十位大陸出版業者，昨天參加了臺北舉行的「兩岸圖書市場研討會」與臺灣出版界進行座談。大陸出版業者指出加入 WTO 之後，去年逐步開放圖書零售市場以來，已吸引大批外資投入搶占灘頭，刺激大陸民營書業的蓬勃發展，大陸圖書平均一年的發行銷售高達七百億人民幣。

　　中國出版集團管委會副主任王俊國昨天則以「突飛猛進」形容兩岸的圖書交流，他樂觀期待，明年天津書展臺版書便能進入現場銷售的階段。

　　根據中國大陸加入世貿組織的承諾，今年十二月一日後，大陸將對外資全面開放內地所有的圖書零售批發市場，

允許國外企業獨資在內地成立圖書發行公司。大陸圖書平均一年的發行銷售收入高達七百億人民幣,從去年五月逐步開放零售市場以來,外資書業紛紛通過與大陸書業合資、合作的方式搶占灘頭,也刺激大陸民營書業的發展。

江蘇鴻國文化產業集團董事吳俊樂表示,全中國現在有近三十家規模上億人民幣的民營書業,旗下書店達七、八萬家,是大陸公營書店新華書店的五倍有餘。

對於兩岸的圖書交流,王俊國表示,根據大陸即將明文頒布的「出版物市場管理規定」,臺版書只要循正式管道申請,便可以在大陸所有的銷售網點上市,事實上目前臺版書已可在全中國一千二百多家新華書店販賣,市場流通率已然不低。

臺灣已於去年七月八日正式開放大陸簡體字書來臺發行銷售。不過萬卷樓總經理梁錦興表示,政府訂定的規範辦法實施至今,因為「手續繁瑣、執法不嚴」,正式申請進口的書量僅占十分之一;而現在大陸簡體字書在臺灣已「供過於求」,業者大打折扣戰的結果,將造成正統經營者裹足不前,一些業者選書只求便宜,未考慮銷路、庫存及管銷成本,大規模擴大,後果堪虞。

第一屆大陸簡體字圖書展售會昨天下午舉行開幕典禮,今起至八月四日在臺北市忠孝東路四段五六一號 B1 聯經

出版公司忠孝門市聯經文化天地舉行，共有大陸一百零二家出版社、五十餘類、兩千五百種圖書參展，展售這一兩年出版的約七千冊圖書，這是臺灣第一次有系統、多元性的大陸圖書展售。

　　──原刊於《聯合報》，2004年7月31日，B6文化版。

《書市風向球》大安溪以南 簡體書店漸 IN 賣的書可一點都不硬

丁文玲
《中國時報》記者

在最近出版界的一場座談會中,有大陸簡體書進口商語出驚人地說,面對激烈的競爭,熱門一時的簡體書店「已有很多排隊等著收攤了」。不過,就在這種驚人之語中,四月初專營簡體書的若水堂,卻在南臺灣高雄新開了一家分店,這是若水堂繼一年半前陸續在臺中東海大學、中壢中原大學、臺南成功大學旁開店後的第四家分店,據稱近期還將到新竹清華大學旁開店,顯見中南部的簡體書市場雖因大學文史哲科系較少,經營比不上臺北,但也已日漸熱絡。

臺北的簡體書店幾乎集中在臺灣大學商圈,中南部的簡體書店也多半位鄰大學附近,販賣學術書籍,以教授、學生和大學圖書館為主要顧客群。在臺北曾造成「搶」書熱況的明目書社,早在八年前便已在東海及成大附近開設了分店。明目書社負責人賴顯邦說,和臺北總店比起來,中南部分店雖然銷量略遜一籌,但差距卻逐年在縮小,中南部讀者

已不需要老遠跑到臺北的簡體書店「取經」買書。

賴顯邦認為，中南部讀者對大陸學術發展趨勢的興趣，已漸與臺北同步，以往臺北總店一有經典名著進貨，當天就搶購一空，而中南部絕不會出現類似盛況，「但現在，名家、熱門書在北中南各地的銷售，幾乎一樣了。」

除了學術書的市場，成立僅一年餘的若水堂也看準校園以外的潛在讀者。若水堂雖開設在大學學區，卻不自限於「知識分子的書店」，開始針對一般讀者的需求，引進圍棋、中醫等生活類書籍，其中退休的教師和公務員是最主要的消費者。若水堂董事楊秀雲說：「這類讀者有很強的參與感，會催促我們進某些書籍，還常花好幾萬元來買書，消費力很強。」若水堂高雄店店長李秀娟也表示，開店以來，已有許多固定光臨的常客，他們喜歡在店裡瀏覽文學、藝術、茶道或圍棋類書籍，享受書店提供的免費咖啡和舒適的沙發座椅。另外也有讀者對大陸的教科書感興趣，預備投考大陸的大學或研究所。明目臺中店則因位於臺中藝術街觀光區，因此常有遊客順道進來詢問國畫書法、武術、戲劇等大陸強項領域的書籍。

臺中中興大學旁的闊葉林書店負責人廖仁平說，有別於明目書社等專營學術書籍的書店，近年來中南部簡體書店的確已出現不同類型，闊葉林書店是以繁體書籍為主，兼售一定比例的簡體書籍；另外，綜合連鎖書店如五南文化廣

場臺中店,也擺設了專區販售簡體書。各書店銷售的簡體書種類也明顯趨向多元,除常見的文史哲外,軍事、法政、大陸研究、中醫,甚至自然科學、藝術類書籍都有市場,這也使得若水堂等中南部的分店,改走精緻裝潢的路線,期望創造出不同的書店氣氛,攏絡新的讀者。

新書店投入,雖然使得大陸簡體書店呈現活潑的朝氣,但價格競爭、書店的經營管理、讀者的口味等,都使得簡體書店不斷得面臨經營的衝擊。以經銷代替開設店面的萬卷樓總經理梁錦興認為,「簡體書的閱讀率雖然成長,但一個地區的書店容納量卻非常有限。」他說,一般讀者對書籍的需求,遠比學術研究者複雜,必須花費更多力氣找書、選書和配書。這也是萬卷樓沒有加入書店戰局,只經營替書店選書、配送、退書等經銷服務的原因。

李秀娟說,若水堂的網路書店早已有不錯的業績,實體書店的開設,是希望更深入了解讀者的需求,建立密切的互動。目前若水堂高雄店有兩萬多冊大陸圖書,每個星期至少有十五箱新書進貨,相信更能引領讀者廣泛閱讀。而為了節省店租成本,若水堂全臺四家書店都開設在二樓,未來能否在中南部開創出類似香港「二樓書店」的經營模式,頗值得關注。

──原刊於《中國時報》,2004 年 5 月 3 日,E1 開卷周報版。

大陸招商尺度放寬
臺灣書籍何時反攻？
簡體字書進口商排隊等著收攤了

徐開塵
《民生報》記者

根據新聞局出版處的統計，去年七月八日起實施大陸簡體字大專學術用書來臺辦法，至今年三月底，已有二十四家進口書商申請核可證，共六萬七千四百零六種書籍，而奇蹟公司電腦資料庫收錄有八萬八千五百五十種，共三十八萬六千四百一十一冊書籍資料。數量是否大到衝擊臺灣出版市場？萬卷樓總經理梁錦興表示，去年一年簡體字書在臺銷售總額有四至五億臺幣，今年預估為六至八億臺幣，成長不到百分之十，但好做的時間是三、四年前，現在削價競爭，「已有很多家排隊等著收攤了」。

大陸簡體字書籍來臺可能衝擊市場的疑慮，至今未退，加上實施新法的執行問題未能解決，這一塊在尷尬的處境

中成長,不能分制,如何融合?上中下游業者再度邀請官方和法律界共謀脫困之道,影響大不大,可想而知。

昨天在發行協進會、圖書出版事業協會主辦的座談會中,向來直言的梁錦興說:「毛澤東、蔣介石的書擺三個月都賣不掉,好奇的時代已過去了,現在不必在政治上考量」,目前三十家左右進口書商,全臺兩百個銷售點,就算讀者一年成長百分之三到五,也不會有更大突破。「在大陸放寬尺度向臺招商時,我們應想如何把臺灣優良好書反攻大陸,再創出版春天。」

問津堂總經理方守仁也強調,目前大陸書進口商有定位、資訊(貨源)和經營的困境待解決,進口量和銷售額是兩回事,假性需求到年底會顯現,必須把餅做大,才有生存空間。

博客來網路書店將投入簡體書進口服務,總經理張天立以「哈利波特」英文版進口量大,不影響中文版銷量為例,認為不必對簡體中文有歧見,應回歸市場經驗看待此事。

進口商和通路的想法,不同於上游出版社。聯經出版公司總編輯林載爵仍認為衝擊大小是一回事,但新制的執行確待檢討,如網站資料庫功能是否彰顯、出版社和書商是否提供足夠查詢資料,解決執行的技術,才可減少侵權問題。他認為交流未必是負面的,大陸出版業的創意和選題,都值

得臺灣學習。

　　——原刊於《民生報》，2004 年 4 月 17 日，A13 文化新聞版。

大陸圖書 將漸進開放

新聞局昨開檢討會 全面進口暫不可能

曹銘宗
《聯合報》記者

　　有關大陸簡體字圖書的開放進口，政府僅同意經過核准的大專學術用書，新聞局昨天指出，目前將繼續執行這項「限制進口」大陸圖書的作法，但在不影響國家安全及打擊國內出版事業的前提下，未來會採取漸進式的開放進口。

　　業者主張大陸圖書進口是學術、思想自由，不應受到管制與限制，因此要求政府全面開放，但兩岸關係條例第三十七條明定「大陸出版品非經主管機關許可不得進入臺灣地區」。陸委會認為，大陸對臺灣出版品管制更嚴格，不能單方面要求臺灣完全不設限。

　　新聞局自七月八日起實施「申請進口大陸地區大專專業學術簡體字版圖書銷售注意事項」，規定只有申請核准進口的大陸大專學術用書，可以在加貼標籤後公開銷售，並說明先實施三個月再檢討是否修改。

昨天，新聞局與業者舉行檢討會，過程平和。新聞局出版處長鍾修賢會後表示，業者同意繼續配合新聞局的規定，而業者提出這項規定在執行上的申辦、查詢、著作權等問題，新聞局將會改進。

　　大陸簡體字業者聯誼會會長、萬卷樓總經理梁錦興指出，雖然新聞局無法決定全面開放大陸圖書進口，但新聞局應該主導「把餅做大」，讓大陸圖書來臺，也讓臺灣圖書登陸；大陸在今年九月已開放書店可以公開銷售臺灣圖書，臺灣也應該相對開放。

　　不過鍾修賢說，大陸允許書店銷售臺灣圖書，只是「口頭上說說」，還有待進一步觀察。

　　――原刊於《聯合報》，2003 年 10 月 21 日，A12 文化版。

簡、繁體侵權問題
業者認應法律處理

陳希林
《中國時報》記者

時報出版公司《我們仨》、聯經出版公司《我與魯迅七十年》及《中國古建築二十講》、元照智聖出版想引進的一套英美法辭典……俱為大陸簡體字版搶先臺灣獲正式授權繁體字版上市之實例。兩岸圖書戰場已有短兵相接之勢。

聯經出版公司總編輯林載爵指出，大陸圖書進口，彌補臺灣出版業的缺口，許多在臺市場太小的書籍，如全套二十多本的《沈從文全集》，臺灣業者並未出版，大陸圖書業者進口大陸出的簡體字版，完整了臺灣出版市場。他認為大陸圖書進口臺灣的必要與貢獻，應予肯定。

但站在國內出版業者的立場，他認為目前進口大陸圖書實務作業上存有「欠缺簡便有效辦法」及「侵權問題如何處理」兩大議題。新聞局現行的辦法是要求出版業者、進口業者各自在新聞局建置的網站上登錄自己欲進口、已獲授

權的訊息,但進口業者從事登陸的不多,且若全然據實登陸則書籍種類動輒千餘筆,很難逐一查詢哪本書是哪家獲授權、何人已進口。而簡、繁體字版書籍同時輸入國內,造成國內獲有正式授權者的權益被侵害。林載爵及萬卷樓圖書公司總經理梁錦興兩人都主張將這部分的問題留給法律處理,政府不必介入。

但在實務上,業者也發現登錄制度難行,每批上千本圖書都要逐一鍵入書名、作者、國際標準書號等資料,又常遇到新聞局委託民間業者建置之網站當機、資料轉檔困難等技術上問題,叫人氣結。不少進口大陸圖書的業者都認為應全面開放大陸圖書進口。既然沒有一套有效簡便查驗機制,誠品書店商品部經理王珀琪建議業者一本善意,

——原刊於《中國時報》,2003 年 8 月 29 日,G4 藝術人文版。

全年銷售金額不及總產值 1%
臺版書十月也將反攻大陸

大陸書來臺 進口業者説免驚

陳希林
《中國時報》記者

大陸書正式登臺已近兩個月，進口圖書實務工作者昨天表示，臺灣出版業免驚！業者認為，進口簡體字書籍數量少，群眾薄；而大陸圖書發行銷售制度下月一日起大變革，臺灣圖書反攻大陸有望，十月起吹起衝鋒號勇進上海，目標杭州、南京，遠達陝西。

由於行政院新聞局先前曾承諾在進口大陸圖書三個月後（即今年十月）檢討辦法，業者也希望將實務情況反映給陸委會、新聞局等相關單位，作為擬定未來政策的參考。財團法人中華出版基金會昨天下午邀請國內進口大陸圖書的業者、出版商等實務工作者就大陸圖書進口產生的影響及我國因應之道舉行座談。

在產業的衝擊方面，進口大陸圖書業者都表示，臺灣出

版業不會受到影響，理由是大陸進口圖書的量太少。萬卷樓圖書公司總經理梁錦興估計，全臺三十五家進口商、約兩百個銷點銷售大陸圖書，其金額全年不逾新臺幣七億元，僅達全臺圖書產業總值百分之一弱。

其次，進口大陸圖書業者的利潤薄，無有大規模發展之可能性。天龍圖書總經理沈榮裕以臺北市的臺大商圈舉例，在人民幣兌換臺幣匯率為一比四・二五左右的現狀下，臺灣的書店業者以一比四的價格換算書價（亦即版權頁所定人民幣價額乘四為臺幣售價），向大陸進書的折扣約為售價七到八折，換算下來臺灣業者的毛利僅得一成。且購進大陸圖書之後沒有退書的管道，賣不掉的書只能以廢紙價格出清。大陸書輸臺真正值得關注之處，中華民國圖書出版事業協會理事長楊榮川說，在於文化主體性的維持。國內使用大陸簡體字圖書的主要族群為研究工作者及學生，楊榮川擔心長期下來這些學術菁英因為閱讀大陸圖書，造成思考面向的傾斜，喪失本土文化的主體性。

在另一方面，臺灣繁體字書籍登陸大陸也已是事實。下月一日起大陸的發行銷售制度變更，臺版書籍將由廈門圖書交流中心、上海國圖等六家擁有進出口執照者進口並負責內容審查。我國業者將於大陸十月國慶假期在上海進行臺版書銷售會，如果成效良好還要前進南京、杭州等地。

其實臺灣印製的圖書在大陸銷售已有年餘，操作模式

接近國內的六十九元低價書局。

　　暢銷種類包含經濟商務、醫療、心理勵志、外語學習、食譜等。由於臺版書印刷編排都比大陸書精美,頗吸引大陸讀者。

　　──原刊於《中國時報》,2003 年 8 月 29 日,G4 藝術人文版。

繁體書登陸時機好
業界話題指向出口
版權問題漸沈澱　進口大陸圖書實際銷售量有限

王蘭芬
《民生報》記者

　　雖然輿論認為大陸簡體字書的直接進口，影響到臺灣的出版業，但同時進行進口大陸書與出口臺灣書的天龍圖書總經理沈榮裕昨天表示，大陸書在臺灣的銷售量事實上極為有限，反倒是臺灣書在大陸商機無窮，鼓勵臺灣出版業者集合力量一起「反攻大陸」。

　　財團法人中華出版基金會與中央圖書館臺灣分館昨天合辦了一場「進口大陸圖書對臺灣出版產業之影響與建議」座談會，大陸書進口業者、出版社、書店、學者均有代表出席。會中談到的大多數是過去談過的如法令不夠周延、通報系統不夠健全等。立委龐建國建議業者應更積極地利用各種管道影響政府。

沈榮裕相當直接的發言則立刻吸引了與會者的注意，臺灣第一個經營「六十九元書店」成功的他表示，雖然他認為大陸與臺灣合資的「閩臺書城」是個失敗案例；但位於廈門只賣臺灣書的「臺灣書店」成功的案例，卻給他無比信心：「大陸的書市實在是商機無窮，我真的要呼籲臺灣出版業趕快團結起來一起開一個公司，合力到大陸做零售，第一步先把我們的庫存書銷過去，先解決臺灣出版社庫存書太多的問題。」

廈門「臺灣書店」只賣臺灣繁體字書，初期一本賣十九・九塊人民幣，雖然閱讀繁體字對於多數大陸人而言還是很吃力，但沈榮裕說：「現在大陸的讀者以擁有臺灣的書為榮，就像臺灣早期喜歡日文原版書一樣，所以真的賣得很不錯，過去這一年我們賣出二十萬本臺灣繁體字書過去。」他認為這正是臺灣庫存書的希望，「九月一日開始，臺灣繁體字書已經開放可以在全大陸書店上架了，但憑幾家去單打獨鬥是鬥不過大陸由政府出資的書店的，所以一定要結合大家的力量。」

至於進口大陸書業者，昨天也展現了自律的誠意。萬卷樓圖書總經理梁錦興表示，像皇冠出版社已發函給各家販售簡體字書業者，指出已買下《哈利波特》第五集中文版版權，因此各書店也都傳真給他們在大陸的選書人，不要購進此書。而之前引起風波的楊絳所著《我們仨》，梁錦興說實

在之前根本沒有聽說過這本書,是大陸選書人買回來的,一直到報紙報導說時報出版已經買到繁體字版版權他們才知道這件事:「知道之後,我們就沒有再進了。」

另外像最近聯經出版社出版了《中國古建築二十講》,誠品書店也於先前進口此書的簡體字版,但經聯經總編輯林載爵與誠品協調,誠品很尊重版權地將簡體字版下架。誠品書店商品部經理王珀琪昨天也表示,不應將簡體字書進口業者進口大陸簡體字書視作侵權,一些意外的狀況是因為通報系統不完全所致,業者不會故意與出版社作對。

——原刊於《民生報》,2003 年 8 月 29 日,A13 文化新聞版。

臺灣書進攻大陸時機到了

出版業者認為簡體字書市場不大 對我衝擊有限
建議以集團方式渡海爭食市場

陳宛茜
《聯合報》記者

　　大陸簡體字圖書正式開放進口臺灣，會不會對本土出版業造成衝擊？昨天中華出版基金會舉辦「進口大陸圖書對臺灣出版產業之影響與建議」座談會，請來進口書商與出版業者代表對談。一般認為，簡體字書在臺灣市場不大，短期內對本土出版界的衝擊有限。倒是大陸逐步放鬆進口臺灣書籍的限制，明年底更將開放外商以百分之百持股的方式經營書店，有業者建議，臺灣業者應團結起來，以集團的方式進攻大陸市場。

　　大陸圖書在臺灣的市場有多大？萬卷樓圖書總經理梁錦興表示，一年估計有臺幣七、八億元的市場，天龍圖書總經理沈榮裕則說，一年不到三億元，在臺灣書市所占的比率不到百分之一。

圖書出版事業協會理事長楊榮川表示，大陸圖書消費人口主要是學術社群。某些學術著作、工具書，在臺灣因為市場小而無法出版，大陸書正可彌補研究資料的缺口。尤其大陸的語言與專業人才多，翻譯書的速度比臺灣更能趕上世界潮流。至於文學、社會、兒童等類的圖書，因涉及兩地民情，大陸著作不易被接受，影響有限。

因此楊榮川認為，大陸書對臺灣學術專業的圖書出版業者衝擊較大。以大學圖書館的採購為例，簡體字圖書引進後，會造成資源分配上的排擠，減少分配在本土圖書上的經費。不少業者認為，政府可以具體輔導獎勵出版社、調整圖書館採購政策上，減少大陸圖書帶來的衝擊。

針對日前發生臺灣繁體字書將出版前，簡體字書搶先一步進口所引發的法令紛爭，世新大學口語傳播學系教授周玉山表示，兩種字體的讀者仍有區隔，盼望政府「從寬處理」。許多業者認為，新聞局委託公協會建置的大陸圖書資料庫功能不彰，是造成繁、簡字書在書市重疊的原因之一，政府應加速改善的步伐。

大陸最新頒布的「出版物市場管理規定」，宣布從九月一日起，進口圖書將不需經出版總署批准，改為由出版物進口經營單位進貨即可；臺灣書也逐漸衝破只能當「外文圖書」的限制，在大陸書店大量上架。而大陸更預定在明年年底，開放外商以百分之百持股的方式經營書店。

投資廈門臺灣書店的沈榮裕表示，現在是臺灣書揮軍大陸市場的好時機。他認為臺灣出版業者的行銷企畫能力遠勝大陸同行，應該團結起來，以集團模式進軍大陸市場。

──原刊於《聯合報》，2003 年 8 月 29 日，B6 文化版。

公說公有理 婆說婆有理
大陸學術用書夾帶暢銷書來臺
圖書與出版業者謀求對策 讓我們坐下來談談

陳希林
《中國時報》記者

　　國內出版社各憑本事西進大陸卡位之際，大陸地區書籍也已經於上月初正式開放來臺銷售，但近來仍出現簡體版先於取得正式授權在臺發行繁體字版在市面出現等狀況，再度凸顯國內出版業擁抱大陸時遭遇的多重難關。

　　財團法人中華出版基金會因此將於二十八日邀集學者、相關政府機關、出版實務工作者集合研商進口大陸圖書對我國出版產業之影響；行政院新聞局出版事業處長鍾修賢也針對目前的交易秩序指出，新聞局將從落實「大陸地區大專專業學術簡體字版圖書資料庫」的內容為起點，促業者注重自身的權益。

中華出版基金會指出，大陸圖書及市場對國內出版業形成極大挑戰，該會將針對「大陸圖書進口現況及對臺灣出版產業之影響」及「臺灣出版產業因應大陸進口之發展策略」等兩個方向，邀請新聞局、陸委會、學界、進口大陸圖書的業者、國內出版業者等相關的各方進行討論，希望反映國內出版業的現況予相關單位，並讓實務工作者與政府相關機構就大陸圖書問題進行對話。而中華民國圖書出版事業協會等多個出版業者組成的團體也將與會，各自提出所面臨的問題與建議。

依照新聞局現行的辦法，業者欲進口大陸圖書在臺銷售，必須由國內學者簽認確定其為學術用書，並由大陸的出版社出具該出版社擁有該書發行權，並無侵害他人著作權等證明文件後，向出版商業的公會、協會提出申請。這些大陸圖書的相關資料會登錄於新聞局委託建置的「大陸地區大專專業學術簡體字版圖書資料庫」之上供查詢。

在理論上，我國現階段僅開放大陸地區大專專業學術簡體字圖書進入臺灣地區銷售，並須檢附國內教授、副教授、助理教授的簽認以證明該書確實為學術用書，但業者坦言要找到學者簽認並非難事，且一批申請數十、數百本來臺銷售，主管單位也無從逐一查核究竟是否屬於定義嚴格的學術用書，因此大陸許多暢銷書的簡體版在臺灣通行無阻，並不意外。

另有進口大陸圖書的業者指出,國內的資料不齊備,才是造成繁體版未問世,簡體版已暢銷之情況的主因。萬卷樓圖書公司總經理梁錦興說,「大陸地區大專專業學術簡體字版圖書資料庫」上並不能及時查詢單獨、個別的大陸書籍是否已經授權臺灣繁體字發行,且簡體版、繁體版可能書名不同,國際標準書碼不同,授權契約又僅存於屬於當事雙方,他人無從得知,使得進口大陸圖書業者窮盡一切查詢管道之後,仍可能在沒有故意及過失的狀況下,進口了已經取得臺灣授權但尚未上市的書籍。

　　新聞局出版處長鍾修賢認為,業者之間基於私法所生的糾紛,新聞局無從介入,但新聞局將努力充實「大陸地區大專專業學術簡體字版圖書資料庫」的內容並提升其可信度,以維交易秩序。他也呼籲國內業者在取得大陸版權之後應登錄於資料庫,藉此表彰自己的權利。

　　他還說,國內業者取得大陸授權至臺發行繁體版書籍,依法應該向新聞局申請之後才能上市,但實際上罕有業者完成此一動作,依法新聞局可加以處罰。鍾修賢表示,若業者能向新聞局申請,則該局也會把相關資料匯整到上述的資料庫中,使得該資料庫更形完整,也對合法取得授權的業者增添保障。

　　——原刊於《中國時報》,2003 年 8 月 20 日,D8 藝術人文版。

臺北圖書博覽會暨國際漫畫展登場

陳希林
《中國時報》記者

在張曼娟等五位作家聯手出席祝福之下，第二度舉辦的「臺北圖書博覽會暨國際漫畫展」於昨天起在臺北市的世貿中心展出四天。

大會主辦單位今年匯集了五十多家出版社的近四百個攤位進駐世貿中心，並規劃「未來電子書城」、「限制級主題館」等多個不同領域的主題館。

昨天共有蔡素芬、楊照、張曼娟、小彤、蔡詩萍等五位作家應邀參與開幕典禮，同時向現場參觀者分享自己創作、閱讀的經驗。

張曼娟以她作品《海水正藍》的人物之一小彤舉例，書中的小彤在情節中已經去世，但該書出版廿年來，這位書中人物年年存活在讀者的討論中，可見創作確實是一件極為奇妙的事。

開幕之後會場顯得更為熱鬧。昨天的臺北世貿中心有

臺北航太展、兒童博覽會、臺北圖書博覽會等多個展覽同時舉行，展場外除了有人嘗試以較低價兜售圖書博覽會的入場券，入口處還不斷有人詢問圖書博覽會與兒童博覽會入場券是否可通用。舉辦圖書博覽會的上聯國際展覽公司認為，昨天應有近萬人次湧入會場。

大陸圖書再度於會場成為議題。最近再度出現簡體字版提早進入臺灣，損及國內拿到正式繁體字版授權業者的權利之狀況，例如楊絳的《我們仨》等簡體字版。銷售該書的「萬卷樓圖書公司」昨天並未將該書放置書展會場販售，但仍可在該公司的門市買得。

「萬卷樓圖書公司」總經理梁錦興認為，業者引進簡體字版之際，其實無從得知臺灣有無同業已經取得正式繁體字版授權版本。他解釋，無論是在臺北市出版公會等組成的「公協會」或者是新聞局委託建置的網站中，都無法即時得知最新的授權訊息，使得業者在無法規避的情況下，引進臺灣已有正式授權的大陸書籍。他認為，相關的授權資訊流通管道應該求其健全，合法獲授權者才能藉此保障權利，其餘業者也不會在不知情的狀況下侵犯他人權利。

——原刊於《中國時報》，2003 年 8 月 16 日，E3 藝文空間版。

臺北圖書博覽會揭幕

簡體字書受矚目

漫畫人物穿梭會場

王蘭芬
《聯合報》記者

「二〇〇三臺北圖書博覽會暨國際漫畫展」昨天起在臺北世貿展覽中心舉行，現場的大陸簡體字書引人矚目，尤其這是簡體字書第一次在書展場合合法公開販售，新聞局人員特別到簡體字書攤位巡看。至於很多書店販售時報文化已拿到版權的《我們仨》簡體字版，簡體字書進口業者認為是時報文化自己沒有去大陸進口圖書資料庫的網站登記，才會出現這種狀況。

比較起國際書展，臺北圖書博覽會的攤位排列與指標明顯較為沒有章法，不過在炎炎假日中，四百個書攤還是吸引了不少學生前來。當然最受歡迎的還是漫畫區，學生一大早就在外排隊希望能買到特價漫畫，各式角色扮演人物穿

梭其間,畫面很有趣。而主辦單位特別請來日本豔星程嘉美代言的限制級主題館相當醒目地位於展場中,連小朋友都忍不住探頭看一眼。

簡體字書攤位雖然人不是最多的,但來找書、問書的人還不少,標價乘以六或五點五的價錢,讀者多數覺得頗便宜。大陸作家楊降的《我們仨》也有人詢問。

對於時報文化已拿到《我們仨》臺灣版權,但簡體字版已在臺灣賣開來一事,臺灣地區大陸簡體字圖書業界聯誼會會長梁錦興表示:「我們也沒辦法自律,沒有資訊告訴我們這本書臺灣會出,時報應該去奇碁公司的網站登記,不然我們當然不知道。」

——原刊於《聯合報》,2003年8月16日,A13文化新聞版。

大陸書籍進口新制實施滿月
配合意願偏低　執行問題多多

徐開塵
《民生報》記者

　　大陸大專學術用書進口臺灣銷售新制施行滿月，業者天天開門做生意，向出版公、協會和圖書發行協進會申請核准進口的案例卻只有五件。業者覺得申請手續繁瑣，只不過「花錢買路條」，公協會業務增加人力吃緊，新聞局忙得沒空理睬，強調三個月後再檢討；一位業者忍不住說，有沒有新規定，大陸圖書照樣銷售。

　　大陸大專專業學術簡體字版圖書自七月八日可依規定申請進口銷售，到目前為止，僅有萬卷樓、秋水堂、若水堂、元照和聖環五家業者提出申請，且相繼拿到許可函和核准貼紙。大多數業者採觀望態度，以至市面上流通的大陸圖書普遍在沒有核准貼紙下公開販售，法令的公信力再受挑戰。

　　正在舉行的高雄書展，多家大陸進口書商參展，萬卷樓總經理梁錦興明白表示，怕官方找麻煩，所以事前申請進口

核准，拿到三千多張貼紙，卻沒空貼在書上，「來查了再貼吧」。很多業者則不理會新制，明言「官方有動作再說」。

依規定申請，要先到新聞局委託奇碁公司建置的「大陸大專專業學術簡體字版圖書資料庫」登錄書目資料，若資料庫沒有相同書目，需在網上公告三天，沒人提出版權異議後，再出具大專教授切結書等相關證明文件，才能拿到許可函和核准貼紙，全程約四至七個工作天。

按規定，拿到許可函和貼紙才可去海關和郵局核驗中心領書。但業者自有變通方法，梁錦興說，可以找教授當人頭依舊規定進口，「有人走小三通，照樣一次進來幾百箱」。他說，其實區別在於能否公開展售，但官方沒動作，所以和以前一樣，「可做不可說」。

大陸圖書進口商反應冷淡，執行者也有話要說。發行協進會理事長王承惠說，同一本書，兩岸書名未必相同，還要有大陸 ISBN，建構資料和查找都有問題。而且這個資料庫不僅大陸書進口商需要登錄，臺灣出版社也可登錄公告已取得授權的書籍資料保障自己權益。他表示，兩岸法令和稅金等制度不同，可利用此機會全面探討，以助未來交流。

出版協會秘書長陳恩泉覺得多了業務人力更顯不足，結果還沒賺到錢，他呼籲同業配合政策執行。公會楊勝有指出資料庫才收錄四萬多筆資料，業者進口新書，必須建構新

資料，作業時長。

　　——原刊於《民生報》，2003 年 8 月 7 日，A13 文化新聞版。

大陸書進口須認證：窒礙難行

**指學術用書定義模糊　代理證明難倒小書商
要求全面開放　新聞局說限制進口意在保護本土
出版社　陸委會指不設限不符國家利益**

陳宛茜、羅嘉薇
《聯合報》記者

　　新聞局定於七月八日起正式開放進口大陸簡體字圖書，並訂定「大陸地區出版品在臺銷售許可辦法」。

　　臺灣地區大陸簡體書業者聯誼會昨天聯合學術界發表公開聲明，認為不僅窒礙難行、毫無意義，且是妨害兩岸文化交流、有損國內知識產業的發展。他們同時發動連署，籲請立法院刪除兩岸人民關係條例第三十七條中的「出版品」三字，全面開放大陸圖書進口。

　　新辦法中規定，大陸進口圖書「應屬大專學業學術用書」。新聞局委請奇碁公司建立「簡體字版圖書資料庫」，若未列入網站上的書目，則應檢附經臺灣大專院校教師認證為「學術圖書」的證明。某位具大學教師資格的業者表示，

「學術用書」的定義模糊，只要大學教師蓋個章便算數，這種認證方式將使大學教師淪為「人頭」，形同虛設。

新辦法中要求業者應檢附大陸圖書出版社出具的「合法發行權、銷售權、無侵害他人著作權」的證明。雖然新聞局後來簡化手續為只須由大陸代理商拿到原出版社出具的「合法代理」證明即可，而不須逐本證明「無侵害他人著作權」，業者普遍認為窒礙難行。明目書店負責人賴顯邦表示，「財團式」的進口業者或許有足夠的財力、人脈、時間拿到證明，小型業者卻難以負荷，此辦法有圖利財團之嫌。

大陸簡體字業者聯誼會會長、萬卷樓總經理梁錦興表示，新辦法的真正癥結在於「思想自由」，大陸圖書進口應屬學術、思想自由，不宜加以管制與限制。然而兩岸關係條例第三十七條明定「大陸出版品非經主管機關許可不得進入臺灣地區」，因此業者與學界最後也將矛頭指向這條舊法，擬發動連署籲請立法院將三十七條的「出版品」刪除。

新聞局則表示，「限制進口」大陸圖書的做法，某種意義上是保護臺灣本土出版社。臺灣近年的出版環境不佳，無限制開放大陸圖書進口，可能造成出版業更大的衝擊。梁錦興則認為，目前簡體字圖書的讀者群仍只限於學術界，對整體出版界的影響力有限；長遠來看，出版業必須「回歸市場機制」，過多的保護政策沒有意義。

新聞局表示，新辦法確定會如期執行。七月八日起接受業者的圖書登記申請，一週後生效，如業者到時仍公開販賣未獲登記的簡體字圖書、經檢舉後將重罰。新辦法將先試行三個月後再檢討改善。

陸委會昨天表示，現階段是否應全面開放大陸出版品在臺銷售，應從兩岸資訊交流的角度來思考；大陸對臺灣出版品的管制更多更嚴格，單方面要求臺灣完全不設限，這一步跨得太大，也不符國家利益，因此兩岸條例卅七條，仍宜維持許可制精神。

陸委會官員說，業者稱大專專業用書的認證僅能由大專院校出具，可能是對新聞局的相關作業程序有誤解；事實上，新聞局副局長洪瓊娟已於六月間邀集廿多位業者研商，決議對圖書認證採「雙軌制」，也就是除了大專院校外，全國助理教授級以上的大專院校教師，也可出具認證文件。

至於將來是否開放大專學術用書以外的大陸圖書在臺銷售，官員說，陸委會對大陸出版品的開放範圍保留彈性，會在許可辦法實施三到六個月後，和新聞局共同檢討。

──原刊於《聯合報》，2003年7月5日，A11文化版。

出版生態環境生變
皇冠發函掀開議題

版權和銷售地區隔 爭議必會陸續發生

徐開塵
《民生報》記者

　　皇冠出版公司近日發函給書店通路和出版公會、協會及新聞局，強調該公司已取得米蘭・昆德拉著作大陸以外地區中文版出版發行權，任何書商進口昆德拉簡體中文版，都屬違法侵權行為。大陸書籍開放進口臺灣銷售，會對臺灣市場產生多少影響？書商和出版社立場不同，看法不一，但可以預料，大陸書籍正式開放進口臺灣銷售後，版權和銷售地區隔的爭議，必會陸續發生，臺灣出版生態環境又進入另一個變化期。

　　大陸書籍在臺銷售，經過十多年地下化的非法商業交易後，終於等到「合法」進口的機會。雖然目前只開放「大專用書」，但對業者而言，開一小扇窗與打開大門，只是一

線之隔。誠如一位業者強調,「股東和顧客都是大學教授,要出具證明,何其容易」。至於這樣「有限度」的開放,表面上是因應臺灣出版業者要求而擬定的「保護政策」,實際的執行力和效果如何,繁、簡中文書如何在同一場域「區隔市場」,都待時間印證。

在大陸書籍爭得合法地位前,早已打開市場。據了解,目前全臺約有五十餘家大陸進口書商,大陸書專賣店約三十多家,有的書商還在大陸設點設專人選書進貨,粗估大陸書一個月約進口三到五億臺幣。有趣的是,業者對開放後的局面各有憂慮,出版社憂心簡體字書以低價衝擊市場,更窄化生存空間;大陸書進口商則擔心出版社也加入此市場,會出現更白熱化的價格戰。

從《哈利波特》到米蘭昆德拉,皇冠對抗大陸簡體字書經驗豐富。皇冠副社長平雲表示,另有臺灣業者投資龐大的大套書也被引進,以明顯價差展售,官方要業者自己解決,但訴訟費時,傷害已造成,我們期望書商自律,才能回歸正常的市場秩序。

版權和市場區隔,的確是臺灣業者關切的重點。聯經出版公司副總經理王承惠說,大陸擅長的文史哲和藝術、中醫等類,可能會對臺灣人文藝術領域造成影響,但現在大陸書商已殺價到沒有利潤空間,因此短期內雖然可能有較大數量的簡體字書進口,一般發行商或書店考量進貨成本,應不

至於參與這個新市場。

經營大陸書店多年的明目社創辦人賴顯邦認為，大陸書讀者集中在學院的教授和研究生，對整體市場衝擊不致太大。倒是大陸書商間拼價格競爭，會降低找書能力，使來源和選書趨於同質化，導致把市場做小的結果，將不利於學術研究，這才是他們不願看到的結果。

萬卷樓總經理梁錦興強調，開放後未必全然合法化，目前也有很多業者「走水路」，靠金門廈門船運來臺，既省了進貨成本，又免付稅款，官方的新政策執行若有問題，必逼使業者跑水路，未來市場將更混亂。

────原刊於《民生報》，2003 年 7 月 3 日，A13 文化新聞版。

兩岸出版交流七月八日進入新階段

合法銷售大陸簡體字書籍
臺灣業者搶商機只怕延誤

徐開塵
《民生報》記者

大陸簡體字書籍終於可以「合法」在臺銷售了。自七月八日起,大陸簡體字大專用書可依照最新規定進口臺灣銷售,從此不但結束多年來大陸書籍「地下化」和「公開卻不合法」的發行歷程,也使兩岸出版交流進入一個新的階段。

新聞局依照四月八日公布的「大陸地區出版品電影片錄影節目廣播電視節目進入臺灣地區在臺灣地區發行銷售製作播映展覽觀摩許可辦法」,在七月八日正式開放大陸簡體字大專用書進口臺灣展售。新的規定:凡大陸地區大專院校簡體字書資料庫內的書單,或由業者出具大專院校教授的證明,皆可進口;必須由大陸供應商提出原出版社擁有合法著作權的證明;每次申請案收費二千元,每本書核准進口銷售標籤費為五毛錢。

新聞局幾經與業者溝通協議,雖在認證、著作權證明和手費規費等部分,改以更具彈性方式規範,但因時間倉促,目前委託奇碁公司建置的資料庫只收錄四萬五千筆資料,且未來負責執行和服務的公會、協會和發行協進會等組織,至今也未擬定作業流程,以至業者對於七月八日能否順利推動,頗多質疑。

　　大陸簡體字圖書業界聯誼會會長、萬卷樓總經理梁錦興表示,新聞局要求業者找教授拿證明,甚至大陸著作權合法證明,都不是問題,既然官方有誠意開放,業者都會申請一批去試試看,以時間換取空間,怕的只是公會、協會的時間效率趕不上,若延誤商機,官方就要對業者提出解釋了。

　　中華民國圖書發行協進會理事長王承惠認為,即使現在官方對大陸出版品進口臺灣地區採開放態度,但仍要做好把關工作,尤其罰則部分應更明確,例如臺灣取得繁體授權的書籍不能進口,違反規定先警告,再發生則取消進口權和銷售資格等,否則只談開放未訂出管理規範,將來必會面臨層出不窮的問題,也勢必壓縮臺灣出版業者的生存空間。

　　面對這些問題,新聞局出版處長鍾修賢表示,新規定必先施行才知道確實狀況,三個月後可再檢討改正。

　　——原刊於《民生報》,2003 年 7 月 3 日,A13 文化新聞版。

大陸書進口談規範
醞釀促改兩岸條例

流程認證規費 官民再度協商 歧見仍未化解

徐開塵
《民生報》記者

　　新聞局針對七月八日起開放大陸大專學術用書進口展售的相關規定，日昨再度邀集大陸書進口商和公、協會等組織代表進行協商，雙方看法仍有明顯分歧，但新聞局期望新辦法先試行三個月後再議，業者則醞釀連結立法委員修改《兩岸人民關係條例》，刪除第三十七條「出版品」字樣，以釜底抽薪方式，達到全面開放大陸圖書進口的目的。

　　新聞局依照四月八日公布「大陸地區出版品電影片錄影節目廣播電視節目進入臺灣地區或在臺灣地區發行銷售製作播映展覽觀摩許可辦法」，必須在七月八日施行前擬定「注意事項」。但官方和業者數度溝通，在進口書籍認定、著作權證明及相關規費上，仍存在歧見，甚至連居中協調服

務的出版公、協會和發行協進會的角色功能,都被大陸書進口商質疑,而未達成共識。

業界決定組聯誼會交流資訊爭取權益二十餘家大陸書進口商日前已決定組成「大陸簡體字圖書業界聯誼會」,交流資訊,並爭取權益。被推舉為第一任會長的萬卷樓總經理梁錦興指出,新聞局要求書商進口大陸圖書時,要有臺灣大專院校「關防」認證,並附上大陸出版社提供著作權合法的證明,對業者來說,有執行上的困難,因為書是業者在進口銷售,大學無義務背書,而且向大陸訂購圖書未必經過出版社,對方也不可能每種書提供著作權證明。

至於新聞局提出「每一申請案件書種五十種,總冊數二百五十冊以內,收手續費一千元,每增加一種,增收手續費十元;超過五冊者,每增加一冊增收二元」的收費標準,業者也認為是增加成本,難以負荷,最後必轉嫁到讀者身上。

聽到業界聲音,新聞局出版處長鍾修賢表示,新聞局已委託奇碁公司建置資料庫,作為基礎查詢依據,業者申請進口書若涉及是否為大專用書的評斷,可由公、協會和業者共同提名,邀集學者專家組成評議小組,負責評議工作。業者若提出版權證明有困難,或收費標準是否合理,可提相對方案,再進行協商。

作業分工尚未協調公會協會角色尷尬面對目前情況,

公、協會等組織也覺得角色尷尬,未來如何分工合作,至今仍不協調討論。有業者明言,規範若不清楚不合理,七月能否照章行事,還很難說。出版協會秘書長陳恩泉表示,公、協會是以服務為出發,並非藉此抓權,也不是要和業者對立,但出現這些質疑的聲音,甚至未來如何建立統一窗口,申請作業流程訂定,陸委會和新聞局都應盡快出面整合。

第一關都還沒突破,大陸書進口商已高舉維護學術自由旗幟,醞釀向立委陳情,爭取新會期修改兩岸關係條例,取消出版品進口的設限,由市場機制來決定大陸出版品的命運。

——原刊於《民生報》,2003 年 6 月 19 日,A13 文化新聞版。

進口審核認證等規定　業界認為完全不可行
面對政策　醞釀抗議

王蘭芬
《民生報》記者

簡體字書店「萬卷樓」老板梁錦興問新聞局出版處長鍾修賢：「《毛語錄》算不算學術用書？」鍾修賢答：「當然不算。」梁錦興說：「可是臺灣有兩三個研究所跟我們要求進這本書做學術研究之用，怎麼辦？」七月八日開始，進口簡體字書審查就要施行，但業者認為此辦法「完全不可行」，醞釀組織聯誼會抗議政府作法。

新聞局今年四月八日修定公布「大陸地區出版品電影片錄影節目廣播電視節目進入臺灣地區或在臺灣地區發行銷售製作播映展覽觀摩許可辦法」，七月八日起，所有大陸簡體字書皆需經由此辦法進口。進口大陸簡體字書的書店昨天決定，將於本周組成業界聯誼會，向新聞局強力表達認為此辦法不合時宜的看法。

上週，新聞局出版處邀請萬卷樓、問津堂、大陸文化、

亞典、高等教育五家業者開會，商議未來進口簡體字書的審查手續費。新聞局提出兩方案，一是依種類分，每種五十元；另一是依冊數，每冊四元。梁錦興當場表示，只請五家，不到實際販賣簡體字書業者的十分之一，不具代表性，表示不願為不當政策背書。

七月八日開始，臺灣進口簡體字書，需要專家學者審核，並必須有大專院校學校關防認可，大陸出版社也要出具證明保證這些書著作權沒有問題，已在市面上流通的書，也需補貼條子說明出自哪家書店。問津堂老闆方守仁認為這些是「關門條款」：「訂出這些不可行的辦法，就是逼大家走向地下化，地下化對政府而言問題會更大。」

本週四，簡體字書進口業者將共同向外界提出訴求，希望政府能全面開放簡體字書來臺，並採事後審查，梁錦興表示：「著作權等法律都已有很嚴謹的條文，業者會自律的。」

——原刊於《民生報》，2003年6月3日，A10文化新聞版。

大陸書籍專賣店陸續開張
政府政策 新辦法實施在即

簡體字書進口業者 兩頭作戰

削價競爭 已白熱化

王蘭芬
《民生報》記者

今年四月,專賣大陸簡體字書的「山外圖書社」在臺北市羅斯福路臺電大樓對面開幕;五月,也是專賣簡體字書的「秋水堂」在臺灣大學對面巷子裡開幕;已開幕兩年生意很好的簡體字書店「問津堂」六月底將在師大路再開一家「旗艦店」。眾多競爭者的加入,使得臺大、師大一帶簡體字書店群面臨重大衝擊,削價以求競爭的態勢浮上檯面。

「秋水堂」五月初開幕,打出十天特價,大陸書以原價四倍出售,即使 SARS 當頭,仍出現漂亮業績。這波特價衝擊使然,問津堂五月二日至六月一日也因週年慶,簡體字書原價乘以四出售;結構群則是到五月廿七日止共十天推出乘以五的特價,之後一般書也從乘以六‧五降至六;經營

十幾年的「明目書店」也從原本的原價乘以六，全面降為乘以五‧五。新書店「山外圖書社」沒有特價活動，但已相當低價，一律乘以四‧五出售。

尤其大家都覺得書價定得太低簡直沒有利潤的「問津堂」居然在此時大舉在師大路準備另外開一家百坪「旗艦店」，引起同業議論紛紛，問津堂老板娘李秀育說：「做生意要看得遠，我們認為這個市場將來相當可觀。」目前問津堂一般時間的書價，金卡會員乘以四‧二、會員乘以四‧五、非會員乘以五‧三，李秀育說，六月底問津堂旗艦店開幕後暫不會全面特價，會維持原來書價，只是會成立特價區。

對於新進業者的削價競爭，已經營多年的書店業者有些不以為然。「萬卷樓」老板梁錦興說：「去大陸弄一些像臺灣六十九元書店的書，我也可以只賣原價兩倍，但我們認為，一味價格競爭，最後倒楣的還是自己。」

梁錦興說，萬卷樓最大的優勢在於「貨新鮮」，每週進八十到一百箱書，可以維持幾乎沒有庫存，足見消費者對「新書」的渴求：「做簡體字書像開海鮮店，客人越多東西越新鮮，東西越新鮮客人越多。」因此雖然現在萬卷樓是原價乘以六售書，但喜歡獲得大陸最新出版品的讀者還是會上門買書。

面臨SARS，簡體字書店一樣受到影響，不僅客人變少，

北京許多出版社已許久不上班也影響出貨。為了提振人氣，已恢復常態價（會員乘以四‧五，非會員乘以五）的秋水堂準備兩個月後割捨一些同業都有的書種，走出自己特色，並舉辦主題書展或講座。問津堂旗艦店則將加強醫藥、科學、藝術書種以與本店區隔。

　　——原刊於《民生報》，2003年6月3日，A10文化新聞版。

相關條文脫離現實究竟實現什麼？

大陸簡體字書 在臺販售規定 醞釀二次革命

王蘭芬
《聯合報》記者

雖然陸委會已同意大陸簡體字書可以來臺販售，但相關規定條文遭業者痛斥「荒謬」，甚至有人預言，若新聞局與陸委會再這樣「脫離現實」，販售大陸簡體字書的業者過完年會來一場「二次革命」。

規定一，進入臺灣銷售的簡體字書應屬大專專業學術用書。疑問：哪些書算大專專業學術用書？王安憶、蘇童、莫言的小說算不算中文系專業學術用書？寫文字學論文的學生會不會用到歷史、考古書籍？歷史系的學生可不可以買《毛澤東語錄》？

規定二，事前申請，欲進口之書需經圖書出版公協會審查。疑問：公協會的理監事大多是已在經營簡體字書店的書商，自己審自己要進的書，算不算「球員兼裁判」？簡體字書店「萬卷樓」老闆梁錦興說：「我自己就是理事，我們何

才何德可以去審人家？」

先不論找不找得到哪些學者可以懂得所有簡體字書的領域，光是要找學者來審核書所需經費，公協會就是沒有。梁錦興說：「我們根本沒有經費，早就跟新聞局、陸委會反映過了，他們根本不理我們！」

事前申請，各書店都認為不可能。國立臺北商業技術學院老師洪禎國表示，目前臺灣簡體字書市場年營業額約三到五億，每家店每週進一百箱書，每箱四十至五十本，若要一一申請、再經批准需要一個月時間，梁錦興說：「知識的傳播不可能等這麼久。」他認為事後檢查會好過事前申請。

規定三，申請者並應於該圖書的版權頁標示申請者名稱、電話、地址及負責人姓名。疑問：若有不法業者私製別家書店章，難道就罰被陷害的那家店？「結構群」負責人廖秀惠對此感到很氣憤。臺灣之於大陸，最令人引以為傲的便是我們的民主自由，知識的傳播與書籍的進口原就是「取得知識的自由」的一部分。在大陸都可以進臺灣繁體字書的現今，新聞局或陸委會官員是不是能親自走一趟，逛逛現在簡體字書的市場情況，聽聽業者與讀者的心聲，或許就不會花費那麼多時間跟金錢去訂出一個「脫離現實」的規定了。

――原刊於《民生報》，2003 年 1 月 31 日，A13 文化新聞版。

建議大陸圖書准予進口

國內業者認為不受衝擊

李令儀
《聯合報》記者

喧騰一時的大陸進口圖書遭海關留置事件,已受到官方重視。昨天新聞局主動召開公聽會,邀請業者、消費者及學術界列席發言,希望做為未來政策調整的參考;與會者皆建議應開放大陸圖書進口,並認為此舉應不致衝擊國內的出版業者。

昨天這場「開放大陸圖書來臺銷售」公聽會,由新聞局長葉國興主持。包括圖書遭海關留置的問津堂總經理王永、萬卷樓總經理梁錦興、中華民國圖書發展協進會秘書長張豐榮、遠流出版公司董事長王榮文、聯經出版公司總編輯林載爵,以及學者尤英夫、賴鼎銘、洪禎國等人,都分別就業者、學者及消費者的意見提供建議。陸委會副主委陳明通也到場聲明陸委會立場。類似議題在本月初曾由立委李慶華召開,邀請上述民間人士和官方代表對談。

會議開始前,並有臺大大陸社學生在會場高舉「言論自由無罪,學術自由無罪」的抗議海報,一度造成會場緊張氣氛,經過勸說和溝通後,才恢復平靜。

——原刊於《聯合報》,2002 年 3 月 16 日,14 文化版。

新聞局公聽會
大陸書登業界呼籲積開效管

認契約、著作權才是問題應顧及兩岸互惠惟陳明通指衝擊太大

陳文芬
《中國時報》記者

　　針對海關查扣書商進口簡體字書籍事件，以及大學使用者要求開放的聲音，新聞局長十五日舉辦公聽會，從使用者角度看現行許可制、兩岸出版交流與平等互惠原則，以及簡體字與正體字版權區隔三點，探討相關修法面向。與會者雖有反對開放的發言，但整體來說，開放後如何有效管理市場生態的聲音居多。

　　陸委會副主委陳明通則以《哈利波特》為例表示，「哈利波特」暢銷全球，其簡體字版中文圖書大量進口來臺灣，臺灣出版業者可以承受這個衝擊嗎？他要出版社拿出具體做法說服他。

聯經出版公司總編輯林載爵回應，商業行為早已做清楚劃分，外國書商授權契約已分做簡、繁體字不單是文字語種，還有地區分別，繁體字版包括臺灣、香港，這就是區域分銷權，契約明訂的商業懲罰遠遠超過政府所給予的處罰。

《中國時報》總管理處總經理黃肇松表示，「開放的社會才是臺灣文化的生機」，大陸中央電視臺節目早就可以看了，康德、韓愈的書籍應當沒有意識形態的問題，如何在守法情形下，為書香社會盡一份力，這是知識分子關心的事，同時也應顧及兩岸互惠平等原則，進行相關事宜。

進口大陸書商萬卷樓圖書公司梁錦興，也是文化大學教師，他指出，大陸圖書每年佔三至四億臺幣，是臺灣每年圖書市場的百分之五到十，也是臺灣樂透一天簽注的量，市場的衝擊應可承受，問津堂書店王永指出，政府可以借鏡香港書商長年以來都有簡繁體字版同時流通的常態市場，如同英語系國家有各種高低價位的同款著作，現在應認真討論是著作權法，智慧財產權的區域代理法可否援引使用，建立出一套完整的規範。

──原刊於《中國時報》，2002 年 3 月 16 日，社會綜合版。

大陸圖書 業者盼原則開放

認為開放是趨勢 在修法前申請案應具彈性

施沛琳、林少予
《聯合報》記者

新聞局預定明天召開大陸出版品公聽會，國內數家出版業者認為，開放已是必然的趨勢，希望能「原則開放、特案禁止」，並作有效管理。在法令未修訂完成前，更應有彈性建立一套特案申請的格式。

問津堂董事長方守仁指出，大陸書在臺灣市場的占有率，一年不到百分之零點五，以四百億書市來說，連一億元都達不到，不知道政府或其他業者為什麼那麼緊張？

目前在市場上較被接受的大陸簡體字書籍以學術性居多，方守仁建議，過去是「原則禁止，但學術特案申請冗長」，未來開放的程度應該改為「原則開放，特案禁止」，像中共宣傳品、傷風敗俗者或兩岸均有版權的特案禁止。

萬卷樓總經理梁錦興覺得，開放大陸出版品是不爭事

實，政府就順其自然，應以開放為原則，但予以有效管理，針對色情、暴力、妨害國家安全者訂罰則管理。

目前學術性用書可特案申請，但梁錦興說，這一部分實施並不具彈性，譬如：某些案子新聞局准了，但在海關往往被刁難，不同的承辦人員可能有不同標準，因此在正式修法前，對這類申請案應更具彈性開放。

至於兩岸均經授權的書籍如何處置？聯經出版公司總編輯林載爵指出，依此趨勢，未來臺灣與大陸出版界只會往合作結盟關係發展，也會朝版權區域劃分邁進，在開放時應該不會涉及版權。若一定要開放這類出版品，其具體作法，他建議政府參考國外的作法，譬如同為英語系國家，在英國、美國或澳大利亞，其進口型態、關稅等如何處理等。

未經核准即公開販售大陸出版品的政策可能即將修正。新聞局長葉國興昨天上午在立法院坦承，目前的相關法令是「前一個時代」的，他說，新聞局將在本周內邀集相關人士召開公聽會，就大陸出版品是否許可進口、販售討論，並在兩周內將修法意見送交立法院。

在昨天的立法院外交教育聯席會議中，多位立委問及葉國興有關大陸出版品進口販售的問題。

葉國興表示，大陸出版品鬆綁問題涉及消費者是否能買到想要的出版品、臺灣出版業者面對大陸書籍進口時的

權益、以及由於資訊流通,涉及「思考行為」的國家安全問題。葉國興說,此外,還有網路興起後,整份出版品可以透過網路流通,這種因為科技帶來的衝擊,政府也無法克服。

──原刊於《聯合報》,2002 年 3 月 14 日,14 文化版。

留置大陸書／業者觀點

本地文史哲論文 不參考大陸書者幾稀

問津堂昨天生意變好了
顧客表示公開也好 壞事總會變成好事

江中明、李令儀
《聯合報》記者

「問津堂」進口大陸學術書遭海關留置事件，引發學界和出版界熱烈討論。和「問津堂」同一批、被海關留置一千多冊大陸書的「萬卷樓」圖書公司經理梁錦興昨天表示，新聞局提出的理由之一是，大陸每年准許臺灣出版品進入大陸的數量很少，我方卻「不設限」，相當不對等。

臺北第一家純粹販售本土書籍文物的「臺灣（的）店」負責人吳成三表示，有人視「臺灣（的）店」是「獨派書店」，他雖不苟同，也不會反駁。他不認為大陸圖書進來就會左右知識分子的想法，且基於學術自由，各種學術類書籍都應沒有限制的在市場上流通。

「大塊」出版公司董事長郝明義認為,相關法令不合時宜,必須依法行事的新聞局只是代罪羔羊,應追究的是早應修法而未修的主管機關陸委會,他們才是罪魁禍首。

昨天「問津堂」書局湧進大批媒體記者和顧客,店方表示,生意比平常好。已經退休的顧客賀德潤說,大陸書販售的事公開了也好,最後「壞事總會變成好事」。在臺大、政大念哲學研究所的趙姓學生和吳姓學生則說,政府依法處理並無不對,但不准學術資料流通,實在不合理。

「問津堂」總經理王永表示,過去在「黨外」時代,無論是統派或獨派,若出版、販售刊物,都會被警總「照顧」;而今民進黨成為執政者,不應忘記過去出版和言論自由被箝制的慘痛經驗,何況以臺灣現今的體質,大陸學術著作當然不會引起國家安全的問題。

本地最早販售大陸文史哲學術書的「萬卷樓」圖書公司,是由卅多位大學教授組成。這次「萬卷樓」有六十七箱書被海關留置,包括文大圖書館委託代訂的「四庫全書未收集刊」三百零一冊,其他「貨主」還包括中研院文哲所及輔大等大學院校相關系所。

「萬卷樓」經理梁錦興表示,「萬卷樓」的股東因為在大學授課,知道大陸參考書確有需要。他說,他敢說本地的文史哲博碩士生寫論文甚至大學教師寫升等論文,不參考

大陸學術書籍或資料者可說絕無僅有。他說，他們自認是文化傳承者，而今卻得偷偷摸摸販售，並未得到應有的尊嚴。

「大塊」文化郝明義指出，新聞局取締的法源是兩岸人民關係條例，然而臺灣引進大陸圖書、由簡體字轉為繁體出版已有十年以上歷史，出版的書籍不知凡幾，難道不是「違法」？

郝明義認為，新聞局雖須依法行事，但目前的作法，只有讓地上的東西轉入地下化。他強調，目前主管機關的思維模式只將問題簡化到「能進／不能進」；實際上在出版自由化的前提下，所有的書不能以「大陸書」三個字一概論之，有些書如像「哈利波特」等在兩岸重複授權的書，就不能開放，否則會造成定價混淆，一定會打亂臺灣的市場機制。

──原刊於《聯合報》，2002 年 2 月 26 日，4 政治版。

央行明年一月設外匯局
特考錄取人員限期報到

佚　名
《經濟日報》記者

　　中央銀行決定明年一月成立外匯局，為適應業務需要，曾委請考選部舉辦特種考試，考選大專畢業優秀青年參加工作，報名者有六百餘人，由考選部組織典試委員會辦理，擇優錄取六十人，央行已通知錄取各員於十二月二日報到，十二月四日起舉行新員職前訓練，期滿後，全部派充為該局基層人員。中央銀行特考筆試及口試錄取人員名單如下：

　　曾偉賢、陳　煌、黃幸雄、莊清泉、朱殿桂、李寶銀、江淑真、劉慶欽、朱怡君、吳吉松、張森永、龍舜華、林俊雄、林榮田、林堯德、王漢業、張正志、林武明、梁錦興、奚起武、盧政雄、陳明珠、彭勝良、黃俊憲、陳忠孝、吳勝雄、李美雲、曾柏熤、葉于銈、李捷緒、白俊男、蔡淑珠、賴鎮戊、林宗哲、楊偉光、樓偉亮、白輝雄、陳美玉、張敏之、駱建華、陳國雄、葉榮造、

謝益丸、廖火松、石作貴、徐峰英、黃婉卿、林　忠、許忠義、吳福陞、陳乃桂、游武明、吳美智、陳睿容、郭啟明、陳義昭、章孝庭、林政義、馬珠月、蘇天民。

——原刊於《經濟日報》，1968 年 11 月 29 日，05 工商服務版。

央行行員特考 明天口試

佚　名
《經濟日報》記者

　　考選部舉辦的今年中央銀行行員特種考試，業經決定筆試錄取曾偉賢等六十名，並由考選部分別通知，定於明日（廿）下午二時起，在臺北市青島東路婦女之家舉行口試。

　　這次央行特考，是配合該行明年一月設立外匯局的業務需要而舉行，經口試合格人員，於下月初，即由中央銀行施以短期訓練後予以任用。茲誌央行特考筆試錄取人員名單於後：

　　曾偉賢、陳　煌、莊清泉、黃幸雄、李寶銀、朱殿桂、江淑真、劉慶欽、朱怡君、吳吉松、張森永、龍舜華、林榮田、王漢業、林堯德、張正志、梁錦興、盧政雄、林俊雄、奚起武、林武明、陳明珠、彭勝良、陳忠孝、吳勝雄、曾柏熀、李美雲、黃俊憲、葉于銈、林　忠、白俊男、蔡淑珠、葉榮造、李捷緒、賴鎮戊、白輝雄、張敏之、林宗哲、駱建華、樓偉亮、楊偉光、陳美玉、陳國雄、徐峰英、廖火松、謝益凡、石作貴、黃婉卿、

吳福陞、許忠義、游武明、陳乃桂、吳美智、陳睿容、章孝庭、陳義昭、郭啟明、林政義、馬珠月、蘇天民。

——原刊於《經濟日報》,1968 年 11 月 19 日,05 工商服務版。

中國文化學院研究所放榜

佚 名
《聯合報》記者

私立中國文化學院校研究所招生,定今日發榜,將錄取四十八名,名單如下:

中國文化研究所:

(甲)文學門

張成秋、劉兆祐、伍國任、胡明◆、鄭琳五名。

(乙)哲學門

林有土、林秋進、高懷民、王　碚、林邦俊五名。

(丙)藝術學門

張彌彌、劉文六、陳英德、劉平衡、王士儀五名。

(丁)家政學門

戴靜惠、黃洋一、黃素貞、汪志翼四名。

三民主義研究所:陸志良、韓伯勳、吳　智三名。

實業計劃研究所：

（甲）工學門
鄧德成、黃豐作、王東輝、彭瑞鼐、鍾弘光五名。

（乙）農學門
林榮寵、鄭炳全、胡燦三名。

史學研究所：
葉龍彥、陳成真、任育才、姜恨侵、王吉林五名。

地學研究所：翟黑山、曾珍珠、林文騫三名。

經濟研究所：楊旭輝、梁錦興二名。

政治研究所：洪國鎮、史連聘、劉祥璞三名。

法律研究所：黃西岩、尤清、林明正、梁開天、邱政宗五名。

——原刊於《聯合報》，1965 年 7 月 1 日，02 版。

國家圖書館出版品預行編目(CIP)資料

潮平兩岸闊：梁錦興與萬卷樓的文化擺渡/張晏瑞主編. -- 初版. -- 臺北市：萬卷樓圖書股份有限公司, 2025.06
　面；　公分. -- (文化生活叢書. 出版可樂吧叢刊；1309B07)
ISBN 978-626-386-276-0(平裝)

1.CST: 萬卷樓圖書公司　2.CST: 出版業

487.78933　　　　　　　　　　114007270

文化生活叢書・出版可樂吧叢刊 1309B07

潮平兩岸闊：梁錦興與萬卷樓的文化擺渡

主　　編	張晏瑞	發 行 人	林慶彰
編　　輯	呂玉姍　黃筠軒	總 經 理	梁錦興
	黃佳宜	總 編 輯	張晏瑞
封面設計	黃筠軒	編 輯 所	萬卷樓圖書（股）公司
排　　版	黃筠軒	發 行 所	萬卷樓圖書（股）公司
印　　刷	百通科技（股）公司		106 臺北市大安區羅斯福路二段 41 號 6 樓之 3
		電　　話	(02)23216565
		傳　　真	(02)23218698
		電　　郵	service@wanjuan.com.tw

ISBN 978-626-386-276-0 (平裝)
2025 年 6 月初版
定價：新臺幣 360 元

Copyright©2025 by Wan Juan Lou Book's CO.,Ltd.
All Rights Reserved　　**Printed in Taiwan**

版權所有・翻印必究